PAN ASIA
HUMAN RESOURCES MANAGEMENT&CONSULTING CORP.
汎亞人力資源集團

人力資源管理實務 07

級人才管理

∴ 頂尖人才任用哲學

真正的「A級人才」掌握著企業80%的績效與勝衰
關鍵，如何聰明管理頂尖人才、誠心為您打拼事業
、創造獲利呢？

廖勇凱、譚志澄◎著　　汎亞人力資源

企業管理者與人資領域後進，絕不能錯過此書！

Contents
目 錄

Chapter 1 第一章
A級人才的管理體系

Contents
|目　錄|

Contents

目 錄

Chapter 4　第四章

A級人才的激勵措施

Chapter 5 第五章

創造A級人才留才環境

參考文獻

推薦序 ••••

▦ Ａ級人才掌握企業致勝關鍵！

　　我從讀書學習開始就自覺不屬於學校「高成就」的群體一份子，因此一直被認為是「B-C級人才」。但是等出社會工作後，還好透過自我轉型後加上努力學習，後來大家卻認為我可以是「A級人才」。因此我對人才特別注意！

　　自己的職場生涯都是國內大型優良企業中渡過，所以常跟年輕朋友說，找工作地點，首選「大、優、佳」的企業，因為能與一群素質優、能力強的高手一起互相切磋學習，絕對是人生樂事！

　　從事人力資源管理工作已經超過二十年了，常常自嘲對人的瞭解，已經到達從「閱人多矣」到「看破紅塵」！但是遇到各方面都優異的A級人才，往往「既期待、又怕受傷害」，因為何謂人才？就是「不怕找不到工作的人」，他們可以令雇主見一個喜歡一個，但是卻很怕抓不住他們的心，落得含眼淚被拋棄的命運。

　　這幾年各大企業人資管理的重心都放在「人才管理」，企業競爭最後取決於「擁有A級人才的數量」。因為機器、廠房、產品都要由人來操作，硬體容易取得，決勝點是軟體！

勇凱、志澄兩位先生是我的至交好友、學生，這幾年與他們在大陸上海多次互動交流學習，尤其佩服他們對理論、實務的印證抱著一股執著的態度，真是新一代專業實踐家的代表！

　　這本書內容豐富、實務操作性強，對華人世界人力資源管理者「人才管理」提供了最正確的指引及最佳的解決方案。本人非常樂意為之推薦，希望各位讀者能好好品味，盡得精髓！

周昌湘

2008/1/6

推薦序 ••••

▓ Ａ級人才管理－企業決策的核心！

　　人事管理淵遠流長。可以說，人類管理活動的開始就是人事管理。比如說原始的勞動分工是按性別進行的－「男耕女織」就是天然的人事管理。

　　隨著社會經濟的發展，企業的組織形式不斷發生變化，企業所面臨的內部與外部的政治、經濟、社會環境越來越複雜，傳統的人事管理已經不能適應客觀形勢的變化，必須要有不同以往的思維與管理模式。過去以「事」為中心的「傳統人事管理」，必須開始轉向以「人」為中心的「現代人力資源管理」。從部門角色要求的扮演中，過去被認為非生產、非效益的人事部門，現在則被要求成為能直接帶來效益與效率的人力資源管理部門。人力資源管理部門的管理活動也從被動型轉向主動開發型，其管理地位也從執行層轉向決策層。

　　在本人的著作「人力資源總監」一書中，曾提過「二八法則」機制，這是一種國際公認的企業法則，又稱為「馬特萊法則」。「二八法則」要求管理者在工作中不能「鬍子眉毛一把抓」，而是要抓關鍵人員、關鍵環節、關鍵專案、關鍵職位，這也正是人力資源管理在企業員工潛能開發中的具體運用。從中國企業的實際來看，施展「二八法則」的效

應是當務之急。首先是管理者在潛能開發過程中如何造就員工總數20%左右的業務骨幹、工作骨幹，調動好了這20%骨幹的積極性，企業的工作就有了成功的保證。第二是克服「個人說了算」的「大一統」現象，將權力下放，權責利對等，開發下級的潛能，創造效益。第三是管理者必須避免凡事都抓，避免陷入繁瑣事務，領導者必須運籌帷幄，掌握管理的核心重點。

作為一位人力資源管理主管，必須根據企業所面臨的環境挑戰來制定人力資源策略。當企業面臨關鍵職位的人才不足時，人力資源管理主管必須有一套應對策略，以解決企業所面臨的嚴峻問題。這本「A級人才管理」針對了這個議題，提出了一套完整解決問題的思路。對於長期為A級人才問題所困擾的企業，這本書值得一讀。

復旦大學管理學院	教授
中國管理科學院	院士
中國人才學會素質測評專業委員會	副理事長
中國人力資源開發研究會	常務理事

張文賢

2007.01.02

序 ● ● ● ●

▓▓ 21世紀最貴的是什麼？－人才！

　　我們記得在電影「天下無賊」的一句經典臺詞提到：「21世紀最貴的是什麼？－人才」。

　　我們常聽到企業感歎內部人才不足，現有人才的能力不夠，希望能強化公司內部人才團隊，以增強企業內部競爭力。但是企業似乎空有想法，但不知如何來操作，來使得自己內部擁有足夠的人才隊伍。對於大型知名企業而言，人才是在門口排隊等著上門，但是對於一般企業而言，人才制約了企業的發展，這些企業的總經理與管理高層有很遠大的願景與目標，對企業的發展有很高的抱負，但因執行團隊執行力不足的問題，最後還是打了折扣。

　　另外一些企業本身雖然有很好的人才，但企業對於這些人才不懂得如何管理與維護，導致人才的流失，甚至有A級人才將一群管理與技術人才帶走，這樣的流失導致人才斷層的問題嚴重。因此，企業需要有一套留才的機制與措施，將A級人才留在企業內部，以免他們的離職損害了企業的競爭能力，因此，企業不能被動的等待人才的流失，而是必須採取積極主動的方式，去留住人才，甚至去外部獲取人才，以滿足企業內部對於人才的需求。

　　對於A級人才的特點來看，A級人才通常有較強的自我認知、自我控制、自我實現的能力，他們希望得到大家的認同，並渴望從工作當中獲

得更大的成就感，公司所給的薪資待遇被他們當作是對自己成就的評價。也正是因為如此，我們對於A級人才有必要單獨拿出來談論，從管理A級人才可能遇到的問題，本書嘗試從本身的管理知識經驗與其他公司成功案例等方面，找出可能的解決方案，並匯整歸納作為本書的架構。

　　本書共有五個章節，第一章所提到的是A級人才管理的基本觀念，第二章提供許多特殊招聘A級人才的方式方法，第三章提到透過績效考核評價A級人才的貢獻，第四章討論A級人才的激勵報酬，最後一章則提供A級人才的留才環境。本書重點在最後兩章，內容主要是討論關於留才的問題與解決方案，可以作為企業人才管理的參考。

廖勇凱
譚志澄
2008.01.15

A級人才管理 ●●●●

■ 創造卓越企業競爭力的5大策略

內容提要

　　為了維持企業核心競爭力所需要的核心人才，本書對此提出解決方案。由於A級人才在市場上的稀缺，這些優秀人才常常成為很多企業的搶手貨。因此，對於這類的人才，企業必須思考的是，如何吸引與維持人才，使得競爭力能夠不斷提升，這也正是本書寫作的意圖。本書適用於高科技或創新型產業，或是人才相對競爭激烈的情況下，或者是企業有A級人才需要留住，或A級人才流動率很高的情況下，可以參閱本書來從中找到所要的答案。

　　本書適合企業家、企業經營管理者、大專院校管理專業師生以及對企業管理有興趣的人士閱讀。

前言 ••••

一、企業問題分析

目前許多企業有絕妙的策略與長遠的目標,但為何到了最後組織績效依然不彰,甚至造成失敗,探究其原因之一是由於企業人才不足,導致後續執行力沒有跟上。雖然企業主的立意良好,但是理想終究是無法實現的夢想。這說明人才是企業的根本,若企業想長遠發展,就需要獲得符合資格且充沛的人才。

事業取決於人才

在傳統的工業時代,機器設備成為企業獲利的重要原因,人才的價值較凸顯不出。但在目前知識經濟時代,人才的價值就常常成為企業成敗的關鍵。

有家建設工程公司總經理看到在珠三角、長三角的十年發展,他根據政府下一個十年的計畫,瞭解未來十年政府發展北京與天津的規劃,因此他判斷建設工程產業在環渤海灣發展前景看好。他看到了市場商機,但是問題是公司目前業績只靠老總一人,公司所有資源也圍繞著老總轉,這位總經理希望公司能有更多的業務與工程人才,來一起發展公司

的事業，否則公司就會在中國大陸良好商機發展下錯失良機，所以他們希望由顧問制定一套留才的策略與規劃。

　　另一個類似的問題發生在高科技產業，該產業的特性是，當資本與設備都成熟時，人才的創新智慧成為企業營運的關鍵。技術創新會帶來另一片商機，開創另一番新事業。於是對於具有創業家精神與專業能力的人才，公司若不開拓他另一條職業發展的道路，可能過一段時間之後，這些人才就會離開公司。對於同屬於知識產業的法律、會計與企管顧問行業的公司，也需要靠一群人才來維繫公司的業務，若是當人才的專業已在顧問公司培養起來後，若還是用過去同等待遇對待，他就很有可能會另立門戶。

　　有句俗話說：「寧為雞首，不為牛後」，在中國大陸也有句話常被提說：「人人都有皇帝夢」。因此，在華人的世界中，企業要如何給予人才發展的機會，將會是未來中國企業必須審慎思考的議題。

企業策略與留才措施

　　有家企業的生命週期走到了衰退期，企業高層主管決定要進行創新，開創另外一個新產業，以因應當前困境，使企業能持續發展。但問題是新產業的經營理念、方式、知識與技術等，不是該企業能從所處在的產業中就能培養出來，追求創新的企業缺乏專業的人才來經營新的事業，導致企業老總空有想法，但無法實現的困境。

　　在內地的某家集團企業原來核心業務是生產電錶的，但公司朝向多角化的經營策略，多角化滲透到房地產開發、汽車零配件製造、酒店業等，集團總部的人力資源管理主管就擔負起建立組織人才團隊的責任。透過挖角、培養與借調等不同方式來吸引挖掘人才，使企業能發展出新的產業。

相對的，臺灣經過多年經濟發展的薰陶，國民素質提高，人才濟濟，但人浮於事，導致許多人力資源的浪費。但還是有許多企業感慨，人是很多，但還是找不到理想的人才。

企業需要保留核心競爭優勢

有些核心優勢來自於企業內部的核心A級人才，這些人才也是其他同業爭奪的焦點。為此，公司應該將這些人才保留在企業內，也就意味著企業將核心能力保留在企業內部。然而，在商業競爭之下，同業的競爭者一定想方設法要從企業這邊挖角。因此，企業要如何控制這些人才的流動比例，該公司的人才管理是需要透過精心設計與執行的。

最明顯的例子是高科技與創新型企業，新技術的A級人才供給在勞動市場是較為缺乏的，企業應該設法維持住核心A級人才，以持續競爭優勢。

中國大陸現階段人才情況

在中國大陸，雖然人力充沛，但人才不足。由於近幾年大陸大學擴招與種種社會因素，導致人才與產業失衡。許多大學畢業生找不到工作，而企業也找不到合適的人才，這樣的矛盾在中國大陸已經是普遍現象。

此外，許多企業都感慨，剛培養好的人才，正是他可以為企業貢獻的時候，就被競爭對手挖走。每家企業都在發展，但苦於人才不足，所以企業找獵人頭公司到處挖人。另外，企業也預防自己的人才被其他競爭對手挖走，而形成「人才保衛的攻防戰」。

許多在大陸的獵人頭與招聘公司，尤其是處理針對稀缺人才的業務

，他們的問題是找不到人才，而不是找不到客戶。甚至許多客戶都是自己送上門來，但問題是有客戶但無人才的窘境。

另外，許多企業感慨人才容易流失，企業招進來的大學畢業生，在兩年的培養下他們學會了技術，正是可以發揮技能的時候，他們就離職了，有時候是一群人的集體跳槽。面對這樣的情況，除了用競業禁止的條款來處理之外，就沒有其他方法留住人才。當企業內部人才跳槽到競爭對手那邊的情況很嚴重時，後續的處理成本就相對的高，因此，企業要防範於未然才是比較好的策略。

新的人力資源管理模式

傳統的人力資源管理將公司員工進行統一的管理，強調對員工有絕對的公平性，所以透過許多管理制度，來確保員工在公司所受到的待遇都是公平的。例如同工同酬指的是負責同樣職位的人員，有相同的薪資；企業要用統一的績效與激勵管理制度來獎勵具有相同優秀表現的員工。但是對於許多人才缺乏的產業而言，例如：高新科技或研發創新等企業，這樣的操作理念，只會變成基本的要求，已經不足以應付企業面臨的人才困境與狀況，而需要一套新的管理哲學，以及更具有針對性的操作方式、方法與手段，來因應新的管理挑戰。

在產業發展之初的高新科技企業，相關技術人才培養還不足夠滿足企業的需求，所以關鍵職位的人才成為企業的成敗關鍵。然而這些人才在企業中應該如何進行有效管理，企業必須有另外一套不同的做法，這可能需要有別於其他員工管理的模式。

管理技術因應企業問題

　　管理是一項科學也是一項藝術，當企業在面臨不同情況時，如何用有效的方式解決就成為關鍵因素。但是這樣的方式可能不同於過去以往的作法，企業需要用不同的手段來面對新的管理挑戰。所以當企業遇到關鍵職位人才不足或是人才無法發揮效益的時候，就會對企業產生發展上的瓶頸。這時候企業就必須用不同方式進行有效管理，來解決企業面臨的問題，以使得企業能持續不斷的發展。

　　在全球化與資訊化的時代，新的商業環境不斷改變，企業所需的人才素質也不斷被要求要提升，假如我們還是以過去企業人力資源管理的思維，來展開工作，這樣的結果將會使我們陷入某些泥沼之中。因此，透過A級人才管理，讓企業的關鍵核心人才能夠確保，來不斷提升企業的競爭力與持續發展。

二、比較說明

　　在前書《B級人才A級用》中，有討論將人才分成不同等級的概念，該書主要是解決許多企業面臨到的人才不足問題，所以人才是相對的概念，也就是說企業並沒有針對哪些職位的人才做區分，而是整體從人才素質來看，若是中小企業，人才普遍缺乏的情況下，從工作態度與工作能力來區分人才，A級人才指的是工作態度且工作能力都相對較佳的人才。《B級人才A級用》這本書適合於中小企業，或感到企業內部人才不足的情況時使用。

　　本書《A級人才管理》則是為了解決企業核心競爭力的維持，所需要核心的人才，而提出的解決方案。A級人才是絕對的概念，它指的是特定關鍵職位表現優秀的人才。由於在市場上稀缺，關鍵職位的優秀人才

常常成為很多企業的搶手貨。因此，對於這類的人才，企業必須思考的是，如何吸引與維持人才，使得競爭力能夠不斷提升，是本書的用意。本書適用於高科技或創新型產業，人才相對競爭激烈的情況下，或者是企業有A級人才需要留住，或A級人才流動率很高的情況下，可以參考這本《A級人才管理》一書。

　　雖然《B級人才A級用》與《A級人才管理》兩本書目的不同，兩者有所差別，但兩者是相輔相成的。筆者建議兩本書可以相互參考，《B級人才A級用》可作為一般通用的管理，而《A級人才管理》則是對於關鍵職位的特殊人才進行管理，兩本書都可以提供企業作為用才的解決方案。

第一章　*Chapter 1*

A級人才的管理體系

● ● ● ●

什麼是A級人才？A級人才在企業內具有什麼價值？企業要如何確認內部的A級人才？以上這些問題都會在這章節中有所闡述。人力資源管理者對於企業最大的價值之一，就是建立企業內部的A級人才隊伍。

1-1 ● ● ● ●
A級人才對企業的價值

　　學者曾提出一個成功企業的三個關鍵因素，它們分別是創業管理團隊、機遇與資源。許多創業基金要選擇投資標的時，他們也會考慮到這家剛成立公司的創業管理團隊的人才結構是否充足以應付未來的挑戰。若是創業基金管理者在評估人才是健全之後，他們才會進一步考慮投資這家剛成立公司。即使是股票上市的公司，公司股票上漲常是因為有關鍵的技術人才加入，從這樣的情況來看，人才對於企業的發展與價值增長，具有很大的關鍵作用。

A級人才是企業獲利來源

　　A級人才是維持企業獲利與成長的重要要素，他們是處在企業關鍵職位的人才，企業大部分的獲利來自於他們。他們對企業而言是重要的，而且他們在人才市場上是稀缺的人才，許多企業大家都想爭取他們。A級人才在企業中的人數，按80/20法則來說，企業內20％的優秀人才為企業賺取80％的利潤，而這20％的優秀員工，在企業中算是少數，這樣人才的比例就像是金字塔一樣（如圖1-1）。金字塔下面是屬於一般人才，在企業中占了大多數，但A級人才卻只占了不到20％，而這類的人才卻是創造企業價值最多的一群人。

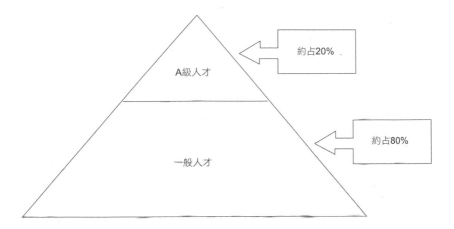

圖1-1 優秀員工的金字塔組成架構

A級人才的貢獻

　　在目前瞬息萬變的商業競爭社會中，企業面臨種種的挑戰，例如：引進先進技術、跨國管理模式的發展、服務管理的改善、品質的提升等等，這些都需要靠人的聰明才智執行來完成。A級人才對於企業的貢獻主要有下列幾點：

1.支持企業的策略發展：企業的發展若沒有人才支援，則一切將會變為空談。A級人才的努力會對企業策略目標的達成有極大的幫助。

2.領導企業的部門與團隊：A級人才常是企業部門或團隊的領導者，他們也常擔負起提升績效的責任。他們所建立與領導的團隊，能為企業創造出最大的價值。

3.防範經營風險：商業與經營環境的改變會引發不小的風險，這部份可以透過A級人才的知識與技能去降低或避免。他們通過自己的觀察與敏銳度，來察覺企業在實際經營當中所存在的問題，並規避企業的風險。

4.促進企業的創新成長：A級人才對於企業有更積極的意義，就是他們有創新的知識與技能，能夠改變企業目前的舊有模式，突破創新，使企業找到新的成長機遇。

5.聚集企業關鍵資源：A級人才的加入到企業的團隊，會使得企業聚集大量資源，包括：核心技術、商業機密、顧客關係與人脈網路等資源。一旦他們離開企業，短時間又找不到合適的人才，企業內部很容易產生技術斷層、業務下滑與管理失當等問題。

 ：**評估A級人才的貢獻**

請您分析貴公司目前人才的貢獻情況。請您根據本文文章當中所描述的部份加以思考，並將他們對企業的貢獻寫在下表中。

序	類別	說明
1	支持企業的策略發展	
2	領導企業的部門與團隊	
3	防範經營風險	
4	促進企業的創新成長	
5	聚集企業關鍵資源	
6	其他	

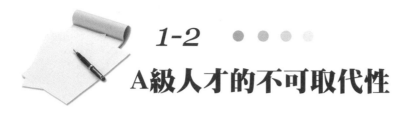

1-2
A級人才的不可取代性

　　從經濟學的角度來看，有些生產要素之間是可以在某種程度上相互取代的。就像是企業購買機器設備，或者辦公室自動化，都可以取代部份人力。然而，人類創新的智慧是機器與電腦至今仍未能取代的。即使是人工智慧，也只能取代人類決策過程中的一小部份。

「自働化」取代部分人力工作

　　豐田的企業文化是建立在「自律」上，即所謂有人字旁的「自働化」和「及時化」生產方式（簡稱TPS，又叫做恰好、準時的營運體系）這兩大支柱上。豐田汽車一旦發現生產過程中有異常，就會馬上停機，他們公司絕對不生產次級品。「人不做機器的看守奴」是豐田佐吉專注於「自働化」發明的根本所在。

　　企業自働化是整個管理系統的提升，這其中包含了管理水準、機器化程度、制度化與企業文化的結合。若自働化程度越高，代表企業需要靠人數來生產的程度降低，企業可以精簡生產人力；但若自働化程度越低，則許多事務都需要靠人來給予解決，則企業用人需求較大。自働化讓工作變得簡單，但剩下不能被自働化的工作就變得更加複雜與變動，這些不能無法自働化的部份就需要靠人才來運作，進而使得人才的價值不斷提升。

無工作成長的趨勢

目前有不少經濟學者稱目前世界的經濟成長屬於一種「無工作成長」（Workless Growth），因為機器自動化與資訊生物科技取代人們傳統的工作，導致就業機會減少，造成失業的社會問題。

作者曾看到大陸一家國營水泥廠被外資的水泥廠收購。原來被收購的廠用舊的立窯生產方式，許多工作都是靠人工完成，生產沒有效率，每年只生產100噸水泥，但卻用了600多人。這家外資的收購方在廠區旁邊蓋新廠，他們用的是全球領先的旋窯生產設備，從礦區挖礦到水泥生料熟料的制程完全自動化，年生產量可達900萬噸，而人力編制卻只有200人，未來還要繼續擴增。新廠不但更有產能更有效率，而且更加環保。公司的人均產能也因此提升，但是他們對於人才的素質要求更高，需要會操作與維修自動化設備的人才。

生產機器與資本的投入確實能取代人們的工作。我曾到義大利參加過幾次米蘭傢俱展，幫公司尋找未來可以合作的廠商。義大利與臺灣一樣，有許多中小企業，許多義大利傢俱廠商多屬於中小企業。他們有幾十年甚至百年的經營歷史，並以設計聞名。有一家兒童傢俱製造公司只用了6個電腦工程師，他們生產全自動化，但產品比較標準化，主要有6款兒童傢俱的款式；相對另一家同樣生產兒童傢俱的公司，卻雇用了360人，因為他們用的是一般通用設備，很多工序必須要用手工作業，所以他們生產有較大的彈性，生產出來的產品可以多達數十種。

無工作成長的趨勢就是未來對工作者的要求更高，但未來企業的人員編制卻會減少，也會造成一定的社會失業問題。從人才的角度來看，若是工作可以被機器取代，則該職位工作的人才價值就會降低，目前工作者就好像在跟機器競賽一樣，就好比國際象棋頂尖高手跟電腦「深藍」定期要舉行對決一樣，看看誰的智商比較強。目前人工智慧的發展，

雖然可以取代一部分勞動力與智力的工作，但還不能完全取代人的才能智慧。A級人才的價值是不能被機器取代的，即使在資訊科技發達的現代，還是有許多作業是需要由人來完成，但這些工作所需要的能力與智慧卻同比增加了。

人才管理矩陣

從以上的邏輯來看，我們若從被取代程度與人才市場供需的情況兩個層面來看，可以分出四種情況（如圖1-2人才管理矩陣圖所示）。

1.可用科學技術取代的人才

屬於這類的人才工作比較缺乏技術性，他們的工作可以被科學技術取代，而且在市場上這類人才的專長較為普通。企業獲取此類人才並不困難，企業用人彈性大，所以有些公司乾脆用自動化生產設備、電腦科技、或生物科技來取代這樣的人力。

2.一般人員管理

雖然有些人才種類屬於通用型人才，但相較之下，此類型的工作難度較為複雜，工作比較不具標準性，所以被取代程度低。這樣的人才通常用一般管理的方式即可，例如：企業內部一般的財務或行政人員。

3.人才外包

公司內部有些工作雖是專業型人才，但他們的工作可以被取代，所

以企業可以選擇用外包的方式來操作。例如：律師、會計師等工作，企業可以委託外部有關的專業顧問負責。

4.A級人才管理

公司內部有些工作既是在市場上比較缺乏，這種人才類型屬於比較專業型的人才，而且又不容易被機器設備取代，公司對於屬於這種類型的人才用人彈性較小。此時，公司對這類的人才必須採取吸引與留才的措施，否則外部人才招聘不易，而且又不可取代，最終損害企業競爭力。

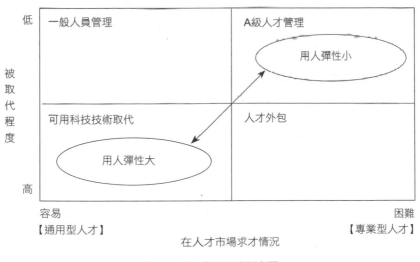

圖1-2　人才管理矩陣圖

 **：人才管理矩陣分析**

對於貴公司目前人才分佈情況，請判斷貴公司偏向哪方面的人才管理模式。針對公司某類職位，分析出貴公司人才的情況，以便於找出後面適合的管理模式。

序	職位	被取代程度	在人才市場供需情況	通用型/專業型	管理模式/因應對策
範例	總經理	低	困難	專業型	A級人才管理
1					
2					
3					
4					
5					
6					
7					
8					
9					
10					

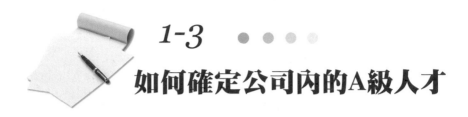

1-3
如何確定公司內的A級人才

不論對於企業或是整個社會而言，A級人才總是稀缺且重要的，企業如何去找到這群A級人才，我們可以從不同角度、透過不同的方式方法來確認。

確認關鍵職位的不同方式

1.核心的組織能力

公司競爭的核心能力是哪些？這些核心的組織能力是由哪些單位與員工組成？這些能力哪些是人才市場上較為缺乏的？我們可以從這些問題思考，來確認具有核心能力的人才。

2.關鍵職位

組織中哪些工作職位是重要的關鍵，若是在其位者有能力扮演好工作角色，並展現出工作績效，則他們就是在重要職位的A級人才。

3.策略目標

　　人才是支援企業策略目標的基礎，當企業設立目標之後，企業要能達成目標需要靠員工的努力來完成。A級人才就是與企業策略相關的人才，例如：有家超市希望在下一年度拓展50家新店面，因此該超市需要計畫把店長人數擴增至50名。在此策略目標下，企業不但要保持企業內部的店長人才不過多流失，另一方面則要計畫培養這些店長擔當重任。從這個角度來看，企業可以從策略目標來找出A級人才。

4.收入來源

　　從公司收入的角度來說，誰幫公司賺的錢多，誰就是A級人才。

5.績效缺口

　　企業中誰是A級人才，各部門的人員都有可能，由於某些人在其位沒有展現績效，即某些人在其位而不能勝任職位的重責大任，造成企業嚴重的損失。有時該職位人員可能不是很關鍵，但由於該人員對於工作不能勝任而造成嚴重的成本損失，或者營收降低，這使得原來不重要的職位變成關鍵。例如：有家公司由於倉庫管理做不好，常常發生物料與產品的被盜、遺失與損壞，估計一年損失上千萬元。為此，倉管員對公司來說就變得很重要。所以，我們可以從績效缺口來確認A級人才。

找出關鍵職位

　　如何確定關鍵職位？首先我們需要從企業願景中找出核心能力，再

確定企業競爭優勢與關鍵成功因素（KSF, Key Successful Factor），這樣才能將企業核心能力轉化為對內部關鍵職位的要求。

對於關鍵職位的思考方向，可以從三個方面考慮：

1.對企業核心能力的提升強化具有關鍵地位；

2.對企業未來發展有關鍵性影響的角色；

3.對企業策略實現扮演舉足輕重的角色

我們可以從關鍵職位評估表（如圖1-3）的核心技能與經驗累積性兩方面來分析組織的職位類型。

若關鍵職位評估表的兩方面 核心技能且經驗累積性都低的角色（約占企業組織職位中的20%~30%），則企業可以透過外包或派遣的方式，而不一定要從外部招聘員工。例如：耐克（Nike）就將製造球鞋製造的工作外包，因為生產製造操作是較為單調重複的工作，新員工很快上手，學習曲線短，且由於在美國人工成本較高，因而外包給國外廠商。雖然公司內部有些職位的核心技能高，但經驗累積性低，對公司而言是重要職位，這部份占一般公司40%到60%左右。對於這部份的職位工作，公司可以建立一套標準的工作流程手冊，以及工作中培訓（OJT）的教材教案，培養內部講師，用來有系統的培養重要職位的人才。由於這樣的職位經驗累積性要求不高，可以從大學畢業生快速培訓這方面的人才。

另外，經驗累積性高但核心技能卻要求不高的職位，在公司占約10%～20%的職位。這部份職位的員工雖然不是企業核心技能的關鍵，但卻需要經驗的累積才能做好。

最後一種職位類型稱為關鍵職位，是指核心技能與經驗累積需求都很高的職位，這樣的職位人才只占公司的10%~20%，但是他們往往能為公司創造60%~80%的利潤。

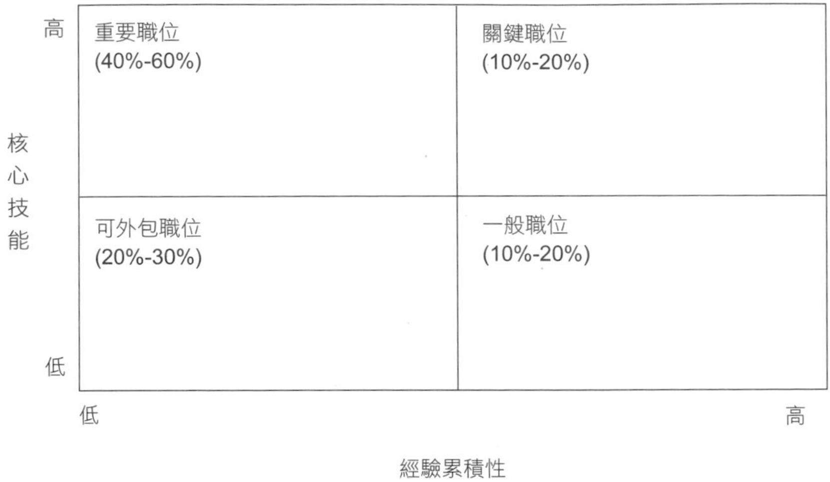

高　重要職位　　　　　　　關鍵職位
　　(40%-60%)　　　　　(10%-20%)

核
心
技
能　　可外包職位　　　　一般職位
　　(20%-30%)　　　　(10%-20%)

低

低　　　　　　　　　　　　　　　　　高

經驗累積性

圖1-3　關鍵職位評估表

確認企業內部的A級人才

　　當企業的關鍵職位確定以後，接下來就需要評估在關鍵職位的人才適不適任。企業透過對關鍵職位的人才績效評估的結果，可以判斷人才對企業的貢獻度，來做出等級上的區隔。若人才在關鍵職位中表現良好，評價等級較高，這群人被稱為A級人才；若人才在關鍵職位中表現普通，則評價等級為一般人才；若人才在關鍵職位中表現很差，則評價等級為較差人才。

　　GE前總裁傑克韋爾奇（Jack Welch）認為作為一位領導者，要找到比自己還優秀的人才為公司效力。一位優秀的管理者需要具備特質，可

以用4E+1P模式（The 4-E+1P Framework）來考慮，這些元素包含如下：

1.精力（Energy）

2.激勵他人（Energize）

3.果決（Edge）

4.執行力（Execute）

5.熱忱（Passion）

　　奇異每年都會針對下屬單位的主管打分數，並將這些人才區分為ABC三等。若他們之中有人表現是單位中的前20％，則評價為最傑出的A級員工；若表現是單位中間的70％，則屬於B級員工；最後的10％為C級員工。對於不同等級的員工，奇異給予的薪資報酬也不相同。A級人才將得到B級人才的二到三倍的薪資獎勵，而C級員工則有遭到淘汰的危機，這樣年復一年的輪迴，來確保奇異向前邁進的組織動能。許多企業內部都有本身行業的關鍵職位，這些關鍵職位將直接影響到企業的經營績效。

服務行業的A級人才

　　在許多以銷售導向的行業，頂級或高級業務員通常為企業立下了汗馬功勞，這類企業包括像貿易、保險、直銷等行業。以貿易業為例，業務職系的人員通常是以戰功作為升遷的依據，總經理、副總經理、業務經理、業務主任、業務專員、業務助理等一系列職位的人員所做的工作較為類似，只不過越高層的主管掌握越大的客戶與訂單，越往基層的人員所負責的客戶較小，訂單額也較小，基層人員有些甚至只做訂單處理的作業。這些高層主管由於掌握公司大客戶，對公司的營收肯定具有關鍵的作用。因此，這類的人才肯定是公司的A級人才。試想，一位高層主管手上掌握一些重要客戶，若他們離職，會給公司帶來多大的損失。

另外，在一些保險與直銷類型的公司當中，這些公司內部有許多優秀的銷售人才，這些人才具有良好的銷售能力與人際關係，能夠為企業創造出良好的業績，所以也就一路升遷到高層的位子，職位的高低也就說明他們的重要程度。因此，他們可說是企業內的A級人才。

以銷售導向為主的企業是以戰功作為判斷A級人才的標準，比較容易確認，但是像製造業、服務業或其他行業，或是需要靠團隊群策群力的企業，A級人才就不容易單純以戰功這種方式確定。

製造業的A級人才

在製造業中，企業內部的部分職位可以被機器取代，這些職位的工作者通常不能算是A級人才。但也有些企業的情況很不相同，由於產業特殊，企業內部有許多職位不能被機器所取代，在這些職位工作的人員需要擁有特殊的技術與能力，或是以知識創造企業價值，這些人才靠品質與創新致勝，他們使得企業的產品比其他競爭者更加優異。因此，他們絕對是企業有價值的人才。

A級人才的一項重要特質，在於他們能進行系統性的反覆思考，透過這樣有效的思考模式，以找出解決問題的最佳方案。所以他們的思維是積極光明的。他們在面對問題時，不會沉溺在相互指責的泥沼裏，而是能從不同的想法上，判斷出最佳方案，給予建設性的意見。當然，在系統思考的背後，A級人才靠他們的專業經驗與聰明才智作為判斷事物的依據。

 ：找出企業的關鍵職位

根據前面所描述的步驟，請您分析出貴公司哪些職位是屬於核心關鍵的職位。請根據以下步驟進行。

第一步：進行公司職位盤點

請根據組織圖與部門下所屬職位依序分析，盤點公司所有的職位。首先請您先參考範例，在掌握填寫的原則之後，請您準備公司的組織圖與相關資料，根據以下步驟開始填寫。

1.請參考範例

	部	課	組	職位	人數
範例	製造部	測試課		生產經理	1
				測試課課長	1
				測試員	4
		生產課		生產課課長	1
			生產一組	組長	1
				領班	3
				操作員	20
			生產二組	組長	1
				領班	3
				操作員	20

2.填寫職位盤點表

第一級單位	第二級單位	第三級單位	職位	人數

第二步：分析職位的關鍵性

　　根據圖1-2，從核心技能與經驗累積性兩方面來分析公司內部的職位，並得出各職位的屬性。請先將公司所有職位填在下表，並勾選核心技能與經驗累積性的情況，並明確職位屬性。

編號	職位	核心技能		經驗累積性		職位屬性	備註
		低	高	低	高		
例	生產經理		√		√	關鍵職位	
1							
2							
3							
4							
5							
6							

第三步：統計整理

　　請您根據職位屬性為主，分別將職位名稱寫上，然後再請您統計各職位屬性的職位數，並算出該職位屬性占公司職位數的百分比。

序		職位名稱	職位數	百分比
1	關鍵職位			
2	重要職位			
3	一般職位			
4	可外包職位			
總數				100％

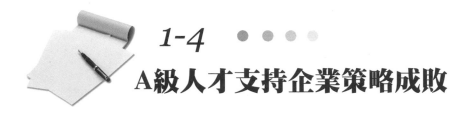

1-4
A級人才支持企業策略成敗

　　若我們提到A級人才，則要從企業策略的高度來審視，人才對於企業策略的成敗有多大的影響。

　　近年來，由於在中國大陸企業發展迅速，許多企業遇到人才不足的窘境，限制了企業的發展。在臺灣，雖然市場發展較為飽和，但有些產業卻面臨創新的需求，而創新的人才也非常稀缺。因此，人才的獲取成為企業策略是否獲得支援的關鍵。

人才與企業策略發展的關係/核心優勢

　　傳統的人力資源管理，主要是從組織架構到職位分析，再根據職位職責找到要找的人才規格，再根據人才規格找尋企業要用的人才。但實務上，有許多企業卻倒過來做，企業先盤點內部人才具備哪些能力，根據他們的能力來決定未來企業發展策略。前者是由上而下的思維，後者是由下而上。在現代企業發展中，外部環境不確定因素越來越多，企業策略的清晰度越來越低時，有時企業也可以先從內部人才的專長優勢著手，找出自身的核心能力，再來決定公司策略如何制定，業務如何拓展。

　　當一項策略目標與實際的績效有落差時，我們可以說這是一種績效缺口，也就是說企業制定的策略目標與實際的績效產生了差距。如圖1-4所示，績效要求與人才現況有一大段落差。造成績效缺口的原因很多，

我們可以歸納為設備問題、管理制度、人才職能、與外部影響變動因素。外部影響變動因素太多在此不做討論，而生產設備與管理制度也能夠透過資本的運作來解決，只有人才能力問題不能在短時間之內就能解決。若我們將目標換作為職位標準，來檢驗人才規格是否符合，則可能發現現有的人才與公司目標的要求，總是有一定的落差。

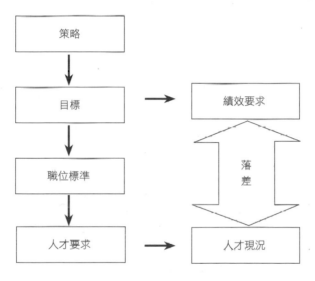

圖1-4 策略與人才缺口

個人職能支援組織能力

組織能力是要確保企業有足夠且持續性的競爭能力，這需要靠個人的職能來達成。一個組織從上到下分為整體組織、部門單位、以及個人等三個層面（如圖1-5），也就是說，組織是個別員工的集合，個人的職能會影響整體組織的能力。由於組織分工的上下之間的層級，組織必須能發展集體的核心能力，包括像組織文化、價值觀等，以成就企業整體

的競爭優勢。個人職能與卓越職能有某種相關程度，這也就是說組織能力與個人職能是相互影響與互動的。當企業人才的核心職能若在企業運作當中突顯出來，則會反映在企業的組織能力上。

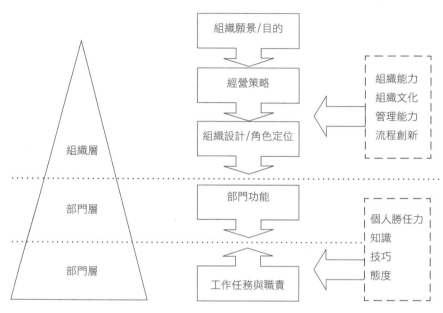

（資料來源：修改自'Gorsline(1996), A competency profile for human resources: No more Shoemaker's Children. Human Resource Management, 35(1), P.56. ）

圖1-5 勝任力與組織績效的連結

解決人才供應鏈的瓶頸

有許多產業是屬於以專業分工的模式生產，產業內不同上下游的廠商共同構成了垂直整合的生產體系，最常見是汽車產業與IC產業。這些產業在所構築的供應鏈環節中，若是出現某一環節的人才瓶頸，則會產生生產的後續問題。對於非常重視品質與實施召回制度的汽車業與高科

技產業而言，人才絕對是致勝的關鍵，而且要在整個供應鏈廠商中都有足夠的人才來保證品質。若是一個地方出問題，則整個產品也就會被消費者捨棄。所以，這也是為什麼下游的廠商有時候願意培訓上游的廠商，並且給予稽核，下游廠商對於上游廠商的培訓也會有所要求，以確保產品品質達到客戶的要求。

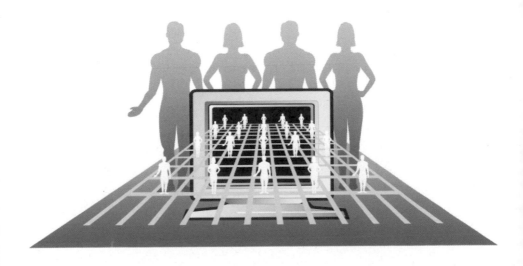

 **：策略目標與人才現況檢討**

　　根據公司定期的檢討，讓我們來檢視企業內部策略目標是否按照既定的計畫完成。請根據下列步驟，並根據實際情況，找出人才缺口。

第一步：找出績效缺口

　　請您填入公司的策略目標，根據一段期間公司業務的情況，填入實際績效結果，以便於找出缺口。

策略目標	實際績效結果

第二步：提出人才管理計畫

　　請您根據上步驟的人才缺口，提出解決方案與計畫。

1.參考範例（以某連鎖公司為例）

期間：2006年1月1日到2006年12月30日			
評估專案	企業策略	策略目標	人才評估
內容現況	滲透市場與發展中南部市場	目前店數：50家 目標店數：80家	合格店長數：49人 目標合格店長數：80人
缺口		30家	29人
解決方案	1.過去流動率20％為基礎，預計儲備36人。 2.進行挖角與求才作業，預計儲備10人 3.內部培養晉升26人		

2.填寫人才缺口分析表

期間: 年 月 日到 年 月 日			
評估專案	企業策略	策略目標	人才評估
內容現況			
缺口			
解決方案			

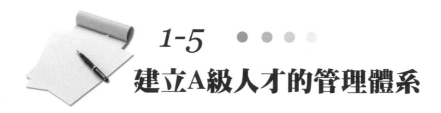

1-5
建立A級人才的管理體系

因為A級人才影響企業績效，甚至決定策略的成敗，所以企業對於A級人才的管理需要進行特別的規劃與管理的工作。也就是說，企業要對A級人才進行個性化的管理方式，來留住並增加企業的核心優勢。

A級人才是企業的策略性資源

從策略管理的資源基礎論觀點來看，資源基礎論的其中一項重點在於資源的異質性，也就是說具有競爭優勢的企業，勢必內部有些資源是無法取代與模仿的，這樣的資源我們稱之為策略性資源。策略性資源是競爭優勢的所在，也是決定了企業成敗的關鍵。Nelson and Winter（1984）提出策略性資源的兩項特色。

1.複雜性（Complexity）

資源的複雜性很高，以至於無人能掌控它，即使個別員工流動，也不會增加組織營運的風險。

2.專屬性（Specificity）

這些資產具有專屬性，只能在特定的生產制程或組合，僅能服務特

定客戶，這些資產的組合形成針對個別客戶的緊密結合，有利於雙方產生長久的共生關係。

　　資源基礎論更進步之處又在於企業不只是利用現有資源與能力，並且要有意識地培育企業獨特的能力。當企業主要是仰賴其所擁有與競爭對手具有差異性、且對手不易獲得、不易移轉或模仿的資源時，則更具有競爭優勢來在市場上立足。因此，企業要發展競爭優勢，就要盡可能地培養、訓練、發展這些資源，以提升企業的競爭能力。

　　根據我們在先前所提到對A級人才的定義，A級人才具有複雜性與專屬性的特性。因此，企業需要對策略性資源給予妥善的維護，來提升企業的競爭優勢。A級人才有別於一般員工的管理，就好像是有些公司對於重大且昂貴的機器設備的保管、維修與維護，統一由專屬特定的部門負責。非重大昂貴的機器設備，則由各生產部門、機動科或相關部門來負責，因為這些重大且昂貴的設備對於公司而言是重要性資源，有別於一般機器設備。同樣的道理，對於能為公司創造出更多價值的A級人才，公司也必須給予不同的管理方式，來達到管理的效果。

A級人才管理的工作內容

　　人力資源管理講求的是公平公正，但是從提升公司績效角度來看，對於A級人才的管理必須要有靈活性，不能一味套用過去的「公平」模式。A級人才的管理必須更具有針對性與個性化。A級人才的保持與留住，將會是人力資源管理者最大的績效之一。為此，許多企業將有別於一般員工的A級人才進行特殊的管理方式，以加強留住企業的A級人才。

　　企業對A級人才管理的主要目在於使企業的A級人才能最有效的獲取、運用、培訓與保留。企業在A級人才的管理工作有哪些？分別說明如下：

1.確定核心職位，建立A級人才特定檔案，隨時進行A級人才的盤點與總結工作。

2.通過獵人頭或多種求才管道，極力挖掘人才，不排除到競爭對手那邊去挖人才。

3.制訂A級人才的勞動合約與競業禁止條款，甚至其他措施，預防A級人才的離職，或被競爭對手挖角。

4.隨時關心A級人才，對A級人才進行員工關係的維護，瞭解他們對公司的期望與個人需求，以便於制定A級人才的留用計畫，並向總經理定期呈報。

5.給予A級人才特殊的培訓機會，結合接班人計畫，以提升A級人才隊伍的整體戰鬥力。

6.詳細調查A級人才流失的原因，盡最大可能安排離職面談，以及掌握A級人才離職的動向，要盡可能杜絕A級人才流失到競爭對手那裏。

7.提供足夠且個性化的待遇福利誘因，來激勵與留住A級人才。設計金手銬制度銬住A級人才，要避免人才流失。

8.提供A級人才在公司的發展空間，並不排除提供內部創業的機會或擁有公司的股票，使其成為公司的股東。

9.創造良好的工作環境與團隊氣氛，以滿足A級人才安全感、歸屬感、以及受尊重的需求。

結合原有的人力資源管理體系

A級人才管理雖然有別於一般人力資源管理，但是A級人才管理需要與原有的人力資源管理整合。它需要架構在原有的基礎上，以期發揮最佳的效果。A級人才管理可以在人力資源管理原有的功能上針對加強深化，以便彰顯出A級人才管理的效果。

　　例如某家公司已經有員工協助方案體系（EAP, Employee Assistant Program），該公司員工協助方案有些內容是委託外部顧問公司，有些則是與公司內部管理制度做搭配。在這套基礎之上，企業可以提供A級人才特殊的協助項目。又例如：另一家企業則在一般的社會保險之外，為員工提供了商業保險，此時，企業可以在原有的福利基礎上，提供A級人才更具針對性與額外的保險福利。

　　因此，我們可以說，若是公司原有的人力資源管理做得好，則A級人才管理的作業就容易搭建起來；相對的，若基礎設施不佳，則進行A級人才管理的工作就會從頭開始。

 **工具箱 1.5** ：建立A級人才管理的職責表

有些公司會單獨成立一個單位，直屬總經理室、人力資源部門或總管理部門，來進行A級人才管理。那到底A級人才管理需要盡哪些職責，有必要給予明確。部門職責表可以將職責明確規定出來。

參考範例

部門單位名稱	人才管理課	填寫日期	2006年12月25日
上級單位	總管理處	下級單位	無
部門職責			

1.配合公司年度計畫，擬定公司關鍵職位的人力資源規劃方案，編制A級人才配置。

2.執行A級人才的招聘工作，透過獵人頭公司、人脈網路或其他管道來找到合適的人才。

3.根據外部競爭情況，制定競業禁止條款或勞動合約。

4.進行公司內部A級人才的管理，關心A級人才的情況，遇到問題進行解決，或呈報總經理。

5.制訂A級人才的薪資與福利計畫，提報給人資部門與相關部門執行負責。

6.規劃A級人才股票期權方案，提交上級主管與總經理核准，並向董事會報告。

7.預防A級人才離職，對於離職的A級人才進行慰留與面談，並擬定留才計畫與制定留才措施。

8.配合A級人才的職涯發展，規劃與執行A級人才的教育訓練計畫。

9.執行A級人才員工關係管理，解決A級人才的問題要求，並隨時向相關主管彙報。

10.與A級人才上級單位配合，進行工作輪調與升遷作業。

11.完成上級臨時性交付的任務。

填寫人		複核		核決	
日期		日期		日期	

第二章　*Chapter 2*

評估企業對A級人才的吸引力

● ● ● ●

A級人才是許多企業爭相搶奪的對象。誰掌握了
人才，誰就佔有策略優勢地位。因此，該如何
找到與「抓住」人才，是A級人才管理首先要考
慮的重點。

2-1 ● ● ● ●
A級人才的人力資源規劃

　　企業都希望引進最好的A級人才，在人才來源有限的情況下，A級人才的競爭是相當激烈的，A級人才不但希望「良禽擇木而棲」，A級人才也都希望找到好的企業，因為好的企業象徵著有好的薪酬福利，以及好的職涯發展機會。所以說A級人才在職涯發展的道路上，有許多可以選擇的機會，而企業若不能妥善進行A級人才管理的規劃，將會造成A級人才的流失，這也意味著企業競爭力的流失。

　　只有一流的人才才會造就一流的企業，如何篩選與招聘人才，就成為企業頭疼的問題。

A級人才規劃原則

　　對於A級人才的人力資源規劃，必須要掌握一些原則，說明如下：

1.長期規劃

　　企業希望A級人才能夠長期留在企業內部，因為他的持續留在公司，會增加企業的價值，所以企業應以長期的眼光規劃A級人才的管理。

2.預測合理性

企業應該對未來發展提出相對準確的應對政策，若企業組織規模擴大，則需要擴大關鍵職位的人才數量與種類。

3.與策略目標結合

企業應該根據外部環境與內部策略來規劃組織架構，並依此規劃A級人才的人力配置。例如：某家生產型公司想由原來內銷市場擴展到外銷市場，則企業會增設外貿部門，並需要找到具有英文能力與產品貿易相關經驗的人才。

4.儲備編制

有些企業因更多考慮儲備關鍵職位的人才，編制上儲備人才會比原來要多一些員工。例如：有些公司設置儲備幹部或副職，以便於儲備A級人才。尤其是當A級人才流動率高時，儲備的A級人才就隨時有可能會派上用場。

5.招聘策略

若是A級人才全部都是由外部招聘，雖然會找到有能力的人才，但是文化適應上可能會格格不入；若全部都是內部招聘，則可能又會近親繁殖，缺乏外部的刺激。因此，最重要的是，企業要求得一個平衡點，看是希望能夠有較多的外部刺激，還是更看重企業內部的文化傳承，來決定內外部招聘的人才比例。

A級人才資料庫

由於A級人才是需要進行特別管理，A級人才資料庫通常都需要進行妥善的管理。有些集團公司甚至將子公司的A級人才全部由總部控管，以便對這些人才進行較有針對性的統一管理。不論如何，A級人才資料庫的檔案應該包含員工的資格、技能、智力、教育背景、受訓經歷等完整的資訊，並常常維護更新。

隨著這些人員的資歷增加，這些人才會另外受到一些培訓，企業將其記錄在資料檔案中，當一部分人晉升以後，也必須記錄在檔案中，並且要估計會留下多少空缺職位，這些職位由多少人可以從內部人員填補，有多少人需要對外招聘。

A級人才檔案是相對機密性高的資料，若是這方面的資料落到獵人頭公司或其他公司手上，則對人才的穩定會造成一定威脅。因此，企業對於A級人才檔案要妥善保管，並且對於資料的保管與維護需要多加謹慎。

A級人才招聘的特殊性

若是企業相當知名，且有一定的品牌，當A級人才到公司應徵時，能在最後關鍵時刻選擇貴公司，而且是慕名而來，就如我們在便利商店選擇可樂，最後我們是選擇可口可樂還是百事可樂一樣。人才在選擇公司時，他們大多首選的那家公司就意味著成為最有人才競爭力的公司。

企業對於人才的招聘有許多種作法，這些方法包括：報紙廣告、人力銀行、雜誌、廣播、電視、校園招聘、招聘會活動等等，這些做法在許多人力資源管理相關書籍都提到過，在此不再敍述。除了這些一般的招聘方式之外，對於A級人才的招聘方式，若是能針對目標來源，那成

功的機率會比盲目打廣告來的有效。

　　另外，有許多A級人才不需去應徵找公司，都有公司邀請他們加盟。因此，他們不愁沒有工作。所以對於這些平常不看報紙或求才網站的人才，通常要用不同於過去的招聘方式來求才。

工具箱 2.1 ：A級人才的人力資源規劃

企業根據公司的發展計畫，確定組織發展規模，並編制人力資源規劃表。請您依據以下步驟進行A級人才的人力資源規劃。

第一步：確定組織規模與人才需求

請您根據企業發展，填寫下表內容。

序	部門	2006年需求人數		2006年需求人數		2006年需求人數	
		一般人才	A級人才	一般人才	A級人才	一般人才	A級人才
1							
2							
3							
4							
5							
6							

第二步：進行A級人才的規劃

請您根據組織用人需求，編制A級人才人力資源規劃表（如右表）。

編號	項目	計畫期間	計畫期		
		2007年－2009年	2007年	2008年	2009年
1	必要人數				
2	期初人員				
3	差額（1-2）				
4	事故人數				
5	退休人數				
6	調離人數				
7	小計（3＋4＋5）				
8	需補充的錄用人數				

2-2 ●●●●
精準快速求才的獵人頭公司

通過獵人頭（Head Hunting）公司找尋A級人才是一種最直接有效的方式。如何善用獵人頭的外部資源，需要考慮許多情況。一般而言，企業會找獵人頭而不用其他管道，主要是希望能快速精準地找到合適的人選，只是獵人頭的費用較為昂貴。因此，企業要能有效地篩選獵人頭公司，並在它的服務的過程中加以追蹤、監督與考核，以求得最好的招聘效果。

獵人頭公司的分類

一般而言，獵人頭公司的種類很多，不同種類的獵人頭公司會有不同的功能與效果，求才的企業可以依據自身的用人需求情況加以選擇。獵人頭公司分類的種類如下：

1.依據收費的方式

獵人頭公司依據收費的方式，可以分為定金（Retainer）與收成功費（Contingency）兩種。第一種收取定金的獵人頭公司，主要是客戶公司有特定的目標或對象，根據客戶公司要求的名單，透過獵人頭公司有針對性的接觸與洽談，來獲取客戶公司所要的人才，像這樣的獵人頭公司需要額外的工作量，在事前要做許多功課，包括搜集特定物件公司的組

織圖，以及搜尋對象名單，所以企業要先預付合約金額的8％作為簽約金。第二種收取成功費的方式，主要是通過獵人頭公司內部的資料庫，在自己的資料庫中找尋，客戶公司的求才物件若有很強的針對性，則可以採用此種方式，這種方式的收費是介紹成功才收費。

2.本土與國際獵人頭公司類型

若以國籍來區分獵人頭公司，可以區分為本土與國際獵人頭公司兩種類型。本地獵人頭公司參差不齊，較缺乏專業的獵人頭操作人才，但擅長本地的優秀人才選取。國際獵人頭公司則比較有一套嚴謹的操作模式，且能對客戶提出一套解決方案，擅長於派外或國際方面的人才。

3.按專業程度區分

依據獵人頭公司的專業度，可以區分為作業型與顧問型。作業型的獵人頭公司在服務時，只是根據你的工作說明書的內容要求，提供候選人的名單。顧問型的獵人頭公司則是對客戶的問題，能提出一套問題解決方案，他們對於客戶需要找的人才規格要求，能夠對客戶公司提出最佳的建議方案。

4.按專長的產業與職位區分

可以分為一般型（Generalization）或專業型（Professional）兩種。一般型獵人頭公司人才的範圍較為廣泛，而專業型獵人頭公司人才則鎖定在特定產業或某項專業領域的專業技能與管理人才。例如：有些專業型獵人頭公司則是C字輩（CEO、COO、CFO、CHO等）的高管級人才，或者是一般經理級人才。

獵人頭公司考慮的因素

　　企業面對這麼多的獵人頭公司該如何選擇呢？對於獵人頭公司的選擇，以下提供幾點需要考慮的因素，供讀者參考：

1. 網路規模：該公司人才人脈網路覆蓋的程度。
2. 進入市場的歷史：該公司從業的歷史越長，人才庫資料累積較多，自然成功率較高。
3. 專業性：對於客戶企業的問題而言，是否有足夠的專業能力來解決？
4. 對人才市場的瞭解程度：獵人頭人員能知道在特定人才市場領域中，哪些人是合格的（Available）？哪些人是合格但還需追蹤培養的？哪些人是合格但不可能異動的？若是獵人頭公司在該領域下功夫越多，則企業透過它們找尋人才的時間就會越短。

對獵人頭公司的篩選

　　對於獵人頭公司專業的能力，企業可以從他們服務流程的細節開始詢問，以下問題可提供讀者參考：

1. 你們公司如何找到目標群體？
2. 你們公司找人的方式方法有哪些？
3. 你們公司如何鑑別客戶需要的人才？
4. 你們公司聯繫人才的方式有哪些？

　　另外，企業可以採用徵信的方式，調查它過去服務過的客戶，瞭解他們過去服務的品質與狀況。

簽訂合約的內容與注意事項

一般獵人頭委託合約是比較標準的制式版本，主要內容包含如下：

1.職位名稱

2.人才規格

3.獵人頭人數

4.在多久時間內供應多少候選人

5.工作流程與時間表

6.計費方式等

一般獵人頭價碼行情為獵人頭職位年薪的25~30％，年薪的範圍包括該職位人員的薪資、津貼與獎金。若是獎金不能確定，無固定金額者，獵人頭公司會以薪資的多少百分比估算，或以不低於最低下限為准（如某國際獵人頭公司不低於國際行情1萬元美金）。

獵人頭的變動因素很多，企業在委託獵人頭公司後應該隨時保持聯絡，以掌握市場最真實的情況。對於企業委託獵人頭公司後遇到可能無法結案的情況，企業必須檢討是否是獵人頭公司能力太差，或是企業本身對人才要求在當地沒有適合的人才，或是有不切實際的預期。無論如何，企業在委託獵人頭的過程中，應該在本身堅持的原則與實際的市場情況下做調整，以便在最佳時間找到合用的人才。例如某家印尼籍企業，委託獵人頭公司在大陸找一個人力資源總監，該公司由於少主剛上任，希望能找到人力資源總監來將老臣解雇，但委託一段時間都找不到。若是該獵人頭公司能找管理顧問公司來做解雇老臣的重責大任，而將人力資源總監的工作單純在公司人力資源管理工作上，則企業才有可能找到適合的人才。

 **：獵人頭與客戶的操作流程與說明**

企業與獵人頭公司洽談委託獵人頭招聘工作事項時，雙方之間需要進行一系列的操作流程，我們將一般常用的操作流程說明如下表：

1.準備資料

客戶資料	客戶應收到的資料	客戶需提供以下資料
準備資料	1、人才招聘委託合同 2、委託招聘服務流程 3、委託招聘職位說明書	1、客戶企業營業執照影本； 2、客戶企業概況（組織架構、企業規模、成立時間、總投資金額、年銷售額、利潤、經營狀況、人數等）； 3、人才委託招聘合同 4、委託招聘職位說明書

2.操作流程

操作流程	操作流程説明	進程時間控制
諮詢	向企業介紹方案操作程式，對招聘職位的「工作描述」免費諮詢	1-3天
調研磋商	進行企業、行業調查，徵求企業對候選人的要求，達成初步意向；雙方磋商合作的細節	
簽約	訂立獵人頭服務協議書，同時收取委託定金	2-3天
甄選人才	獵手投入運行：收集候選人名單，初、中級職位候選人3-5名，高級職位視具體情況而定，基本控制在1-2人	5-7天
測試評價	對候選人面試測評，確定初步2-3人選	
確定人選	提供候選人資料，供企業篩選	2-3天
客戶回應	客戶應及時給予我公司獵手答覆，最好當天確定候選人名單	1-2天
客戶面試	客戶應在1-2天內確定面試人選，如未通過面試，獵手重新甄選候選人	4-6天
合格錄取	候選人面試合格入職後，及時將我公司提供的「錄用通知書」回傳我公司	1-2天
收取費用	我公司收到「錄用通知書」後，客戶應在5天內支付第二期服務費	1-5天
轉正	人才試用(三個月)順利轉正，獵頭服務大功告成，5天內收取第三期服務費	1-5天
保證期	在保證期三個月內，如果推薦人離職，我們會免費再推薦	
備註	客戶應根據「操作流程」極力配合我公司獵頭顧問的操作。	

2-3

人才併購策略

企業併購也是一種獲得A級人才的方法。許多企業併購對方企業的目的，除了要擴大規模，爭取市場通路等因素之外，還有一個重要原因，就是要獲取A級人才。

併購企業不如說是在併購人才

在高科技、知識與創新型產業的企業競爭激烈，常常發生小魚吃大魚的情況。企業決勝的關鍵不是靠規模，而是靠技術。因此，即使是小型企業，因有優秀而努力的技術人員，所產生的某方面技術的創新，都會大大瓜分市場佔有率。從另一個角度看，併購有競爭力的企業也象徵著未來競爭對手的減少。

全球最大的網路解決方案供應商思科（Cisco）公司瞄準了許多IT技術的新興企業，總裁錢伯斯（Chambers）曾說過一句話：「如果您希望從你的公司購買中獲取5至10倍的回報，肯定他們不是你現在公司的產品，你所要做的是，留住那些能夠創造這種增長的人。「思科透過大規模的併購來擴張規模，其曾經創造出一年內收購65家公司的紀錄，其收購的主要目的是吸收其他公司擁有的人才。由於建造技術研發團隊需要很高的投入，而思科則通過直接收購人才的方式，縮短新產品研發週期，以獲取更高的報酬率。所以錢伯斯總結說：「與其說我們在併購企業，不如說我們在併購人才。」因此，有些企業併購的主要目的之一，就是希望獲取關鍵核心的人才。

併購之後的留才問題

併購之後若有A級人才流失，則會減少企業併購的價值。有家IC設計公司收購另一家IC設計公司，但最令併購方公司傷腦筋的是，如何讓被併購方公司的6個核心團隊的領導者，能帶著他們各自的團隊加入新公司。若是條件不能談妥，則這六位領導者會離開新公司，下面的團隊成員也不會加入新的公司。所以，企業併購後，尤其是以獲取關鍵技術的目的，要特別注意的是留住關鍵職位的人才。

企業併購就如同結婚一樣，若男方家裏有錢多金，新郎英俊瀟灑，多才多藝，而且貴為當地望族，男方家裏給予女方的聘金高，則女方當然是希望新娘趕快嫁到這邊男方家。企業併購和這個道理一樣，若併購方企業有高的知名度，為全球知名企業，財務營運也很好，而且未來發展形勢看漲，同時該公司願意提出收購被併購方的不錯價碼，則被併購方當然樂觀其成，被併購方員工也會有較高的留任意願；反之，併購方企業在併購之後則要留意被併購方人才流動的問題，這主要是要考慮到人才門當戶對的基本原則。

另外，併購之後常發生的問題，主要是企業文化相融合的問題。對於外在機器設備與管理制度還是比較有形看得見的，併購雙方的企業可以調整趨於一致，但是對於內部人員無形的價值觀與文化精神，併購企業就很難在短時間之內融為一體。若是有些文化不相融合，而併購方企業又不能給予有效的措施，A級人才也會有流失的可能，所以文化的融合是一件長期的工作，也是需要高度重視的。

人才併購策略的評估

假如採用人才併購策略，它的成功或失敗的評估可以從兩個層面來

加以討論。第一層面稱為「續留率」，就是併購後的公司關鍵職位的A級人才是否繼續留在企業。公司可以定期統計續留率的比例，如併購後三個月、半年到一年A級人才流動的情況。若是續留率高者，則表示人才併購策略有初步的成效。但一般來說，除非是特別好的待遇留人，併購後多多少少會有一些人才流失。這些流失的人才若只是一般性人才，那對企業損失不大，但若是關鍵職位的A級人才，則企業就要多加注意，找出問題發生的原因，並盡可能加以解決。

第二層次是「續留人才貢獻度」，這些續留的關鍵職位的A級人才在過了一段時間之後，他們對企業的貢獻度是否有加，企業還需要總結有哪些因素阻礙了他們能力的發揮。明碁併購西門子的失敗原因之一，就是原德國西門子的研發人員的貢獻未達到當初的預期，導致公司所生產的手機機型達不到標準，跟不上競爭者，直接造成企業的損失。因此，併購時要考慮的因素很多，即使併購之後，如何留住A級人才，並讓A級人才發揮戰鬥力，才是「人才併購策略」的根本之道。

 工具箱 2.3 ：人才併購策略續留率評估

人才併購策略是否成功與否，必須先從「續留率」來進行評估。請您根據以下步驟來分析貴公司續留率的情況。

第一步：續留率計算

您可以通過下表來進行評估分析貴公司人才在併購之後流動的情況。

序	併購後期間	部門	A級人才離職數❶	A級人才數❷	續留率❸（❶÷❷）
1	一個月				
2	三個月				
3	六個月				
4	一年				
5	二年				
平均					

第二步：離職人才評估分析

請您根據上表的數字，分析A級人才離職的可能因素，並請您回答以下問題，來評估A級人才流動的問題出在哪裡。

1.被併購企業的人才離職是哪段時間比較多？續留率較低？

2.被併購企業的哪個部門人才流動較大？

3.人才離職的原因為何？

4.續留人才對於企業的貢獻為何？

2-4
善用其他網路找尋A級人才

為企業引進A級人才是人力資源管理部門的主要價值之一。因此，人力資源管理部門必須通過多管道與多元的方式，為企業找尋A級人才。除了先前所提到的獵人頭方式之外，找尋A級人才的特殊方式還有很多種，以下列舉較為適宜的方法。

透過專業協會與團體

所謂物以類聚，人才常常會聚集在一起，最常見的就是以協會或團體的方式聚集。若是能在這些群體中找尋專業的A級人才，機會還是比較大的。有家企業要找尋人力資源管理的人才，他們於是找到人力資源管理協會，請求他們推薦人才，透過該協會資深人員的推薦，找到適合的候選人。另外一家石化公司則需要化工的專業人才，於是透過產業協會尋找，也找到不少候選人。專業協會或團體可以建立某一類同性質人才的網路，方便企業在人才的網路中找到合適的人選。

有些獵人頭公司的人員常參加專業性的聚會，這樣他們就有機會接近某些領域的專業人士，從而作為未來找人才的資訊。

透過學校在職班

有些在社會工作一段時間的人才，會選擇回到學校在職班去進修或

充電。例如：MBA、EMBA等，這些班級中的很多學生是富有經驗的管理者或技術人員，通過內部人才找尋或同學之間的推薦，不失為一個很好的管道與方式。

在中國大陸，已經有人花錢搜集各名牌大學在職班的通訊錄，以作為獵人頭的生意，這部份的人脈資源，可以跟學校廣結善緣，以找到最合適的人選。

過去的面試經驗與同行的經驗

若在某一行業擔任人力資源管理人員，一定對於該行業的人才，多多少少有一些瞭解。他們會知道人才在哪些，哪些人是可以洽談的，哪些人是合適但不能異動的，或者是透過同行業人員的口碑。有些時候競爭者之間也會彼此打探對方高管或技術人才的資訊，這些資訊都可作為人力資源管理者掌握與網羅人才的基礎。

若是有某一位專業人士在該領域有廣闊的人脈關係，人力資源管理者可以向他請教，或請他推薦，哪些人才是合適的。一方面他對專業瞭解，能夠判斷人才專業的程度。另一方面，他也會對候選人有較深度的認識，可以作為企業甄選某位候選人才的參考依據。

用「網獵」搜尋人才

「網獵」本來指的是在互聯網上搜索與購買商品。但在這裏指的是一種新的網路招聘方式，即企業在網站上發佈招聘職位(一般為中高級管理人員)後，有合適人選的顧問將人才資訊推薦給該網站，由網站將人才保密資訊再推薦給企業。待企業面試合格錄用候選人後，企業將「網獵懸賞金」支付給網站，再由網站支付給人才顧問。所有掌握人脈資

源的人都有可以成為獵手。

這種模式在國外出現得較早，並已形成成熟的收益激勵機制和盈利模式，如美國的www.jobster.com網站。在中國大陸目前剛剛出現這樣的服務，目前有中人網獵（http://job.chinahrd.net/）等網站。

網獵是將找人才的工作，由傳統的獵人頭公司，轉移到一些「推薦人」的身上。網獵的機構一般會構建一個評價機制和積分激勵機制，保障企業收到的簡歷，都必須是經過推薦人專業判斷後提供的。若推薦成功，「推薦人」可獲得企業提供的獎金。但「推薦人」推薦失敗一次會扣減積分，扣滿一定分數後會取消該位推薦人的推薦資格。這一機制保證了企業收到的履歷表，會是比較精準而有效的。

許多兼職或專職的網上獵手們，為求才企業用心進行初步人才篩選的工作，甚至進行候選人的資質評估。這些網上獵手們這樣做的原因，不單是因為可以從成功的推薦來提取佣金，更重要的還是在於推薦的履歷表有效與否直接關係到他本人在網獵平臺上的發展機會。如果連續三次推薦不成功，該獵手的用戶名將被註銷，而且終身不得進入該網站平臺。

向合作夥伴借調人才

企業若是知道哪些單位或機構擁有自己所需要的人才，也可以考慮透過借調的方式來尋找人才。最常見的是從外界的管理、法律、財務等顧問公司，或者是其他合作夥伴來借調。有家台資公司由於要吸引某一職位的管理人才，考慮從顧問公司聘請一位專業經理人到公司，以解決臨時缺才的情況。這種方式的問題在於一般借調人才是要還的，只能一時解決燃眉之急，企業內部人才缺乏的問題還是存在。因此，借調人才只是緩兵之計，從長遠看來，企業還是必須在這段期間找到或內部培養人才。

 工具箱 2.4 ：尋找A級人才有效的求才管道

企業可以根據下表，來評估各種招聘管道的效果。請您跟著以下的步驟進行評估工作。

第一步：填寫評估表

企業需先將此次的招聘管道羅列在右上方，並依序將記錄的招聘資料填入各欄位中，針對應聘人數、錄取人數與錄取率進行分析與評估，以找出最佳的招聘管道。

評估項目	A級人才招聘管道	專業團體	學校管道	獵人頭公司	網路招聘	其他管道
	應聘人數（人）					
	錄取人數（人）					
	錄取率（％）					
	評價等級					

第二步：評估招聘效果

請找出最有效的招聘管道，或可以找到其他更好的招聘方式，請寫在下表。

序	內容	招聘管道
1	有效的招聘管道	
2	其他潛在的招聘管道	

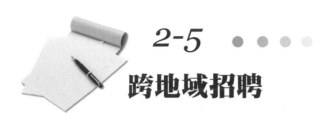

2-5 ●●●●
跨地域招聘

　　若企業所處的當地缺乏某類型的A級人才，則不應局限在當地求才，企業可以考慮跨地域求才的方式。

人才層級越高，求才範圍領域越廣

　　有家位處於常州的石化公司要調薪，該公司將職位分成三等，即高、中、低三等檔次，他們考慮低檔只需要跟常州當地的薪資水準比較，中檔職位的薪資水準要跟江蘇省的所有石化相關的企業比較，而高檔職位的薪資水準要跟全國的薪資水準來比較，企業找出目前該公司薪資水準與不同地區產業的差距，再作為調薪比例的參照。

　　調薪的目的除了考慮留才之外，另一個原因是希望吸引人才到企業來，由於基層的人才在當地很容易招聘到，所以只與當地薪資水準比較即可；中層人才則可能在江蘇的其他城市（如蘇州、南京、甚至江蘇以外的上海等地）求才，所以要跟其他鄰近的城市比較；若是高層人才的話，如廠長這類人才，就是全國的範圍來找人才。因此，當人才層級越高，就要使薪資越有吸引力與競爭力，企業就必須要考慮這些方面的因素。

各地人才稟賦不同

由於文化與產業發展各國不盡相同，不同國家的人才，可能具有不同的特質與能力。許多國家的某項產業走得比較領先，因此，其他較弱國家地區的政府或企業可以引進該產業的專業技術人才，來提升自己國內產業與企業的技術水準。

在義大利與法國有許多設計人才，可謂人才濟濟。在印度，許多人才素質頗高，英文流利，也很敬業。在香港，服務產業發展比製造業強，服務業人才濟濟。在臺灣，製造與農業技術聞名全球，這方面有不少人才。在這些國家地區的強勢產業非常盛行，該產業領域的人才蓬勃發展，這時候若企業缺乏該方面的人才，可以考慮到海外求才。

政府的人才吸引政策通常也考慮到這方面的因素。例如：對於大多數人為農民的中國大陸，政府希望能透過吸引外界的農業技術人才，來促進農業生產從而改善農民生活。近年來，許多地方政府將招商引資的重點放在農業方面，當地官員希望能吸引更多農業技術人才，提升當地技術水準，並使得當地經濟有所改善。

海外求才

當國內的人才缺乏或不足時，到海外去求才也是一個值得借鑒的做法。許多產業在國內可能是新興的，但在海外卻可能是已經處在成熟期，專業人才資源較為豐富。企業可以考慮這方面的求才來源，來找到和引進適合的人才。

中國大陸奇瑞汽車成長快速，已有自行研發製造汽車引擎的技術。相較於其他有政府資源補助的大汽車廠，奇瑞是如何辦到的呢？他所採用的是多管齊下的策略，而海外求才就是其中所採用的一種方式。該公

司派遣一組菁英人才到某一家瑞士汽車研究所學習引擎技術，另一方面則從經濟蕭條的底特律，挖了不少華人出身的工程師，請他們做公司的專案主管，給予非常優厚的待遇。這些美籍華人工程師在美國升遷受阻，回到大陸反而有發展的機會，而且在豐厚的薪資待遇下，有多數人願意放棄原工作，而接受奇瑞的聘用。奇瑞汽車因此成功引進海外人才，打造出汽車產業的奇跡。

　　早期臺灣也缺乏許多高科技人才，通過高額薪資待遇與分紅配股的措施，從矽谷挖掘到許多這方面的華人技術人才。再加上當時政府的大力支持與配套措施，使得高科技在臺灣能拔得頭籌，一路領先。

工具箱 2.5：思考A級人才可能的區域來源

　　請您思考貴公司所要找的重要職位的A級人才，除了從當地招聘管道外，還有可能從哪方面獲得。請您從以下兩步驟展開。

第一步：進行企業人才需求分析

需要招聘的職位	
人才規格	
所需要的能力	
所需要的經驗	
技能執照與證書	
其他要求	

第二步：改善人才招聘來源與管道

職位名稱	內容說明
已用過的求才管道	
可能的跨地區招聘管道	
評估與建議	

2-6
精確的A級人才篩選術

　　企業要建立A級人才的團隊，不論是從外部招聘或內部招聘，接下來的重要工作，就是有能力來鑑別誰是未來的A級人才。如果選人不慎，則會對企業未來造成損失；相對地，若是找對了人才，則企業就能創造出優秀的A級人才團隊。

　　許多國際知名企業的人力資源管理者苦惱的是，不是應徵者不夠，而是應徵者太多，反而不知該如何篩選與選擇人才。另外有一些人力資源管理者苦惱的是，每個應徵者都口沫橫飛地說自己的優點，如何在短短數十分鐘的時間中來確定合適的人才，是沒有什麼把握的事情，到最後只能憑印象挑候選人。

建立標準化的選才流程

　　有些企業因為沒有一套標準流程，使得不同部門或執行者在進行選才工作時，企業對於相同的職位甄選的方式不統一，以致篩選人才的嚴謹度不一，最後造成甄選人才上的誤差。

　　企業如果要增加選才的成功機率，隨意性就不能太高，否則選才的標準會因人而異，造成未來的困擾與問題。若是想要把握選才的成功機率，需要建立一套標準的作業流程。未來企業內不論誰來做招聘工作與面試，都有一套程式來減少個人的隨意性，以增加成功選才的機會。

用職能模型作為評量人才的手段

　　目前職能的定義尚未有統一的看法。職能是指一個人能夠完善地執行其每日的工作或管理活動所具備的知識、技能、以及態度，並包含一個人的特質，隱含著表現力、思考力、企圖心與價值觀等，發揮在個人的工作的各種情境中，並時時表現在個人行為上（Spencer and Spencer，1993），以及一個人在工作中能有效產出與較高績效的潛在特質。

　　對於關鍵職位所需要的能力，企業可以建立職能模型來作為評估的依據，並根據職能的定義來找出評判標準，並開發出有效的測評工具，以作為選才的重要依據。

表2-1　領導能力的衡量標準範例

領導能力（Leadership Skills）		
定義：具有擔任團隊領導角色的動機，企圖說服他人，進而影響他人，帶領團隊朝向公司的目標前進。		
衡量指標		
1	卓越	能夠隨時投入到工作中，明確領導是指引公司通向成功的方向盤，沉著冷靜地面對挑戰。能夠很好地訓練、激勵和指導員工，已經建立了良好的團隊合作精神，下屬有很高的忠誠度。
2	超出預期	自信、積極，能夠通過員工的能力和智慧分配工作，是他人學習的榜樣。能夠為下屬著想，同時公平對待。可以合理安排時間，分配任務，樂意為決策獻計策，已經成功領導了多個項目。
3	達到預期	能夠有效地激勵和指導他人完成工作，體現了公司的目標，成功處理了許多專案中的危機，並且能夠公平公正的對待下屬，鼓勵大家集思廣益，是個值得培養的管理人才。
4	需要改進	有時會在不完全瞭解的情況下開始一個專案，缺乏一定的領導能力，有時無法給予下屬幫助，不聽取員工的意見，有時無法控制專案的正常實施。
5	不滿意	經常採用口頭授命的形式，基本沒有能力建立和領導一個團隊完成任務，設置的專案目標與組織目標不相符。不能很好的訓練、激勵和領導下屬，不能給予員工必要的資訊，並且不聽取下屬意見，無法在員工中得到威信。

建立面談題庫

許多企業在求才時，最常用的方法是面談，尤其是甄選A級人才時，面談是常用的方式。對於人才的面試，若要提升面試的效果，人力資源管理者可以設計面談題庫，並將對方回答結果的參考答案羅列出來，並評定他的回答結果成績（如表2-2所示）。

企業可以根據職位的職責與其核心的職能，來設計面談題庫。對於不同職位的人才來說，其所需要的能力是不同的。例如：我們對財務人員要求要細心不可出錯；對於客戶經理要求要個性開朗、主動積極與應變能力等；對於生產經理則要求他們要有規劃與控制能力，並能調配資源與督促下屬。

表2-2 面談題庫範例－以客戶經理職位的應變能力為例

題號	問題	參考答案	評分標準
1	情境： 在一次重要會議上，領導做報告時將一個重要的數字念錯了，如不糾正會影響工作，遇到這種情況你怎麼辦？ （場景：主管應邀到某個大型研討會中擔任來賓，他將一項售價999元的產品誤說成售價699元）	較佳：將正確的資訊寫在紙條上，不慌不忙地轉交給主管，請其作適當的處理。	A:處置周延漂亮，既能化解危機，又能兼顧場面。
		普通：立即走到主管身邊，輕聲告訴他剛才的口誤，請其作適當處理。	B:處置合格，但有改善空間。
		較差：在會眾尚未離場時，取得機會作口頭補充，將錯誤的資訊給修正回來。	C:勉強給出答案，但實在不夠周延。
		最差：不做任何處理，或事後離場再告知主管。	D:答不上來，慌亂無章。

 **：建立面談題庫**

請您針對某一個職位的核心能力，建立面談題庫。請您依據以下步驟展開某職位的面談題庫的設計。

第一步：確認職位核心能力

根據工作職位的職責要求，該職位需要建立什麼樣的核心能力，請根據您想要設計的職位，將核心能力填入下表當中。

職位名稱：	
核心能力	

第二步：設計面談題庫

請您參考表2-2，並設計以下面談問題設計題庫。

題目	參考答案	評分標準
場景：	較佳：	A:
	普通：	B:
	較差：	C:
	最差：	D:

第三章　*Chapter 3*

A級人才的績效考核管理

● ● ● ●

企業需要衡量關鍵職位的績效與貢獻,以確定
哪些是表現優秀的A級人才。因此,企業必須實
施公平客觀的績效考核制度,以便能夠確認A級
人才的貢獻,用來作為後續激勵措施的根據與
基礎。

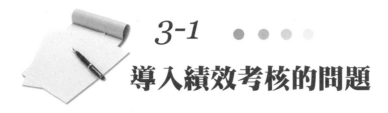

3-1
導入績效考核的問題

　　績效考核（Performance Appraisal）就是一般人常說的打考績，它就好像是要把企業的問題抓出來。績效考核可以比喻成一張人體健康的體檢表，這張體檢表能告訴你自己的身體哪個部位出了健康問題。剛導入績效考核的企業常常會覺得，沒導入績效考核時感覺公司還可以，但一導入績效考核後就產生一大堆問題，這是因為企業內部許多潛藏在臺面下的問題漸漸浮現了出來。

　　企業如要解決此問題，筆者建議，在制度設計時需要做績效管理（Performance Management）。績效管理是在績效考核基礎上，進一步透過PDCA管理迴圈（Plan-Do-Check-Action），將問題逐步改善與解決。企業在導入績效考核制度時，常會因為觀念不清或有誤差，以致企業的績效考核產生很多問題或最終的失敗。績效考核難導入的原因很多，其中之一是東方人的文化因素。對於就事論事與習慣法治社會的西方人而言，績效考核比較容易理解與操作，這套績效考核系統遊戲規則若明確，大家會習慣於遵照執行；但對於習慣人治與關係導向的中國人而言，導入績效考核制度常會產生許多操作層面的問題。這些問題當中，40%的問題常來自於績效管理制度設計的問題，60%的問題則來自於績效考核執行時的問題。

績效管理設計問題

關於企業績效考核常會遇到的問題，我們分別說明如下：

1.考核指標量化且結果導向

許多企業的績效考核指標沒有量化，常用一些描述性的語句來對被考核者打分，就像小學老師給學生的評語一樣，給予一些勉勵的話語，或者是對於其個人優缺點的描述，這樣的考核容易流於形式。這些企業可能是過去沒有做計畫與報表，所以在績效考核指標打分的時候，欠缺資料來源。績效考核分數是以成敗論英雄的。因此，它是一種檢視任務完成的結果、而非強調過程中其有多麼的努力。

2.組織與目標變動過大

考核指標的設計建立在企業組織結構穩定、策略目標與工作職責明確的基礎上，若組織變動頻繁，企業目標會變來變去，工作職責也會改變，在這樣的情況下量化指標就很難獲取。企業目標與組織若是變動，則績效考核指標常常也要跟著變動，否則考核的重點會跟不上企業發展的方向。

3.考核指標沒有與目標連結

由於許多企業沒有明確的工作職責與整體目標，使得企業缺乏績效指標設計的依據，會造成亂抓指標的問題。因此，績效考核必須建立在工作職責明確，以及公司與部門目標確定的基礎上。若是其他配套的制度不齊全，考核指標就會缺乏足夠的參考依據。

4.缺乏績效考核辦法的操作流程與說明

　　績效考核需要有一套標準流程來操作，但是許多企業缺乏這方面的作業說明，導致操作的過程中有所疏失或隨意性大而讓考核者沒有準備。若是績效考核辦法的操作流程與說明清晰，大家的認知差距就會縮小，而較能有一致的準則來進行考核。

績效考核執行問題

　　績效考核管理體系設計即使很完善，在考核作業中，仍然會發生許多執行上的問題，這些問題如下：

1.高層管理者與企業文化的問題

　　績效考核對事不對人，若企業管理過多偏向人治，則會導致績效考核無法就事論事而發生風險。例如有家公司是以貿易型企業起家，凡事以業務導向為主，一切管理工作都擺在次要地位，雖然業績可能會不錯，但管理能力卻無法提升。所以，績效考核成功的關鍵之一，就在於高層管理者的重視程度，是否有決心推行，能否營造出優良的企業文化。

2.考核者的觀念與素質

　　考核者是關鍵的打分者，若是他們觀念不正確，或素質較差，會導致考核的本意被扭曲，導致問題的發生。例如：分數過高、趨中或過低；分數沒有按規定的要求評定；對績效考核不重視而走走形式等。因此，要針對這部分問題給予培訓，並進行試打分。通過專家教練的督導減少績效考核過程中的失誤，以提升管理者的觀念與素質。

3.人力資源管理者不專業

在績效考核當中，考核者遇到難以解決的問題，會向人力資源部門請教。若是人力資源管理者都無法對績效考核制度做出解釋並解決問題，那麼考核者會無所適從，並對績效考核制度產生懷疑，績效管理系統也就會混亂，最後大家各自解釋，而仍然找不到解決方案。

績效考核的解決之道

在中國的文化中，績效考核常會被認為是一件破壞人際關係的工作，它會傷害公司同仁之間的感情。所以，在強調與人為善的中國，主管怕當壞人，考核就不能實事求是的打分數。由於無形文化的箝制，常常使得好的管理制度也無法獲得良好的實施。

許多企業是為了考核而考核，失去了考核的真正目的。考核的主要目的是要通過員工個人工作能力的提升與工作意願的改善，來達到提升企業績效的目的。所以，企業透過績效考核可以反映出許多問題，而這些問題必須通過不斷的改善與調整，才能將問題解決，逐步達成企業所要求的目標。

因此，考核者在與被考核者進行績效考核面談時，會發現許多被考核者的問題。但是考核者不是站在高處指責下屬的問題，而是站在平等的地位，來幫助員工解決績效無法達成的問題與原因。

當然，在績效面談時若是遇到死不認錯的下屬，就必須要有客觀的資料來說服他們認同且願意改進。通過績效考核使得員工在工作當中的問題得以逐步解決，個人能力也會獲得提升。整體來看，企業的目標也會逐步達成。

績效考核是A級人才管理的基礎

　　績效考核若不能體現個人的工作成果，則A級人才在工作中得不到相對的回饋，這些人也會覺得企業沒有認可他的工作表現，可能會逐漸失去成就感而離去。另外，企業要驗證關鍵職位上的員工是公司的A級人才，必須要依靠績效考核結果來體現。所以，企業在進行A級人才管理時，必須完善績效考核體系。

 **：績效考核的問題分析**

　　若是貴公司已經有績效考核制度，請您分析公司目前實際運行績效考核的情況，評估現存的績效考核問題有哪些，從制度設計與執行面來分別評估。請您在下表中對於歸納的問題提出說明（若有的話），並根據說明的問題提出一套解決建議方案。

類別	內容	說明	解決方案
績效管理設計問題	無法量化		
	組織變動過快		
	與目標沒有連結		
	缺乏配套流程與辦法		
	其他		
績效考核執行問題	高層管理者		
	企業文化		
	考核者的觀念與素質		
	人力資源管理者專業不夠		
	其他		

3-2

與公司目標結合的績效管理

就如彼得·聖吉（Peter Senge）提到：「太多企業的績效管理工作只重視可評價性，而忽略了引導性，使績效管理工作本末倒置，績效管理工作應當同企業的遠景連結起來。許多企業會根據中長期目標，進行明年度目標的設定，為了要使得年度目標能夠達成，必須要將目標分解到部門目標，再由部門目標分解到個人目標。這樣的目標分解，就構成績效考核指標來源的一部份。

年度目標與部門的設定

當企業的願景明確後，就可以將中長期目標明確下來。例如：有家公司希望成為該產業的翹楚，那就要將「產業的翹楚」定義清楚。「產業的翹楚」是必需要有多少市場佔有率、利潤率或是其他指標明確的定義來衡量；又例如，另一家公司希望股票上市，則該公司必須制定上市計畫，對於上市的規模與利潤率，都必須符合每年的規定量；另一家公司則是希望從地區性的企業發展到全國範圍的經營，這時企業就必須制定出相關的擴展計畫。

當中長期計畫（如五年計劃）已經出爐時，企業必須將中長期目標分解為每一年的計畫目標，並制定出明年一整年的年度計畫。然後部門配合公司的預算計畫，將部門年度目標明確。再將年度目標分解到部門目標，以確保每個目標都有相關部門的配合來完成。

如圖3-1所示，某家企業2008年目標要將公司利潤從5％提升到10％，為達成這方面目標，研發、採購、業務、財務、人力資源等部門也設定了支援總目標的子目標，以確保公司在2008年的總目標能夠實現。

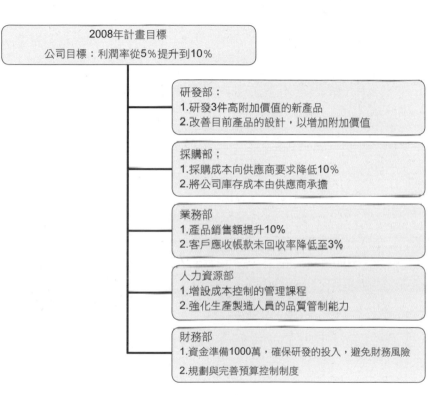

圖3-1 目標分解範例

部門目標與個人績效指標的連結

有家全球知名的物流物業服務的公司，公司的副總提出他們公司需要有「客戶滿意度」指標，該公司許多部門都有直接為客戶服務，該如何判斷這個部份是由誰負責。客戶滿意度若從客戶抱怨數衡量，則看客

戶抱怨的事項職責歸屬誰。若客戶抱怨的事項是有關工程部門，則算在工程的頭上；若客戶抱怨的事項是與物業部門有關，則算在物業部門的頭上。

若部門目標明確後，可以將部門目標繼續分解到個人職位目標，設置在個人的任務績效指針當中。如下表所示，生產部門的生管科所制定的部門目標，每項指標都有定義或計算公式，以及明確資料的來源，便於評分時作為參考的依據。透過個人完成績效，來確保部門目標完成。

表3-1 部門目標設定表

部門		生產部		單位	生管課
序	指標	考核標準	指標定義/計算公式	資料來源	評分標準
1	任務目標	工程巡視按計劃完成率	（當期未完成計畫數/當期計畫完成數）×100％	巡視記錄	完成率≥80％
2	任務目標	回答書驗證的完成率	（當期未完成件數/當期總件數）×100％	回答書驗證記錄	完成率≥80％
3	任務目標	新製品外觀檢查測試的完成率	（當期未完成件數/當期總件數）×100％	外觀測試記錄	完成率≥80％
4	任務目標	新模具過程能力測試的完成率	（當期未完成件數/當期總件數）×100％	測試記錄	完成率≥80％
5	問題解決	及時性與有效性	根據問題反映紀錄		100％及時有效處理

備註：請依據部門目標要求或職位重要職責來填寫指標，請儘量填寫量化的指標。

個人的績效考核

部門目標要分解到個人目標，若是個人績效都達成了，則部門目標也就能達成。個人績效內容有80％是量化的績效指標，有20％非量化績效指標。非量化指標雖不能用數字計算，但我們要將這些非量化指標明細化、行為化，以便成為可觀察的指標。

工具箱 3.2 ：與年度目標連結的績效考核

　　為了建立公司的年度目標與績效考核指標連結的制度，請您根據以下步驟，逐步完成績效考核指標。

第一步：確認年度目標

公司名稱：

計畫起止期間：　年　　月　　日至　　年　　月　　日

序	年度計畫專案	目標	衡量標準
範例	營業額	1000萬	元（美金）
1			
2			
3			
4			
5			

第二步：分解到部門目標

部門名稱：

計畫起止期間：　年　　月　　日至　　年　　月　　日

部門				單位	
序	指標	考核標準	指標定義/計算公式	資料來源	評分標準
1					
2					
3					
4					
5					

第三步：分解到個人職位績效

職位：				姓名：		
所屬部門				所屬單位		
序	指標	考核標準	評分標準	配分	自評	考核分
1						
2						
3						
4						
5						

3-3
A級人才的績效考核

　　績效考核對於評估A級人才的貢獻具有重要的意義。但是A級人才的考核指標，相對於其他一般員工，可能有比較不同的地方，也相對較為複雜而不易衡量。

A級人才考核的問題與困難點

　　企業對於A級人才的績效考核問題與困難點可能有以下幾點：

1.考核指標較為長期性

　　公司對於一位作業員或銷售員的績效目標可以用月度來考核。但對於實現長期策略目標的管理者，以及從事某項研發專案的研發人員，其考核指標可能需要比較長期，可能是季度、半年、甚至一年。例如：一項研發專利的問世，要經過大量的技術人員的努力，所需要花費的時間可能需要一年半載，甚至更久，在這段期間，公司只有默默投入，而沒有產出，但是一旦產品問世，對企業會產生極大的獲利。所以，A級人才的考核較具有長期性，企業必須要將這方面的特殊性考慮與設計在制度中。

2.考核指標不易衡量

　　A級人才對企業的貢獻比較不容易衡量，而且他們的貢獻容易受到許多外在不同因素的影響，例如：經濟發展、產業特性、社會發展等種種的影響因素。操作員只需按照生產要求與管理規章即可評價，而A級人才則要面對外在環境的影響因素來考慮。舉例來說，有家在昆山生產洗手液的公司，在2003年發生SARS危機時，生意訂單接不完，在其他周遭工廠與公司都呈現歇業的情況，他們的生意卻好得不得了，即使銷售經理不做什麼，銷售經理的績效指標表現也很好。另外有家上海生產羽絨服的工廠，由於禽流感的爆發，導致家禽被宰殺，而造成羽毛供應短缺，而影響生產績效。這種外部的因素會影響著A級人才的績效考核指標。

3.考核指標模糊性

　　對於A級人才的許多考核指標，可能不像基層人員這樣明確。例如高層管理者的策略規劃成功與否，或者是優良的企業文化塑造等指標，都帶有某種程度的模糊性，不易觀測與衡量。而基層生產人員通常是產量、產品合格率、出錯率等指標，這些指標就相比A級人才而言就相對清晰且明確多了。

4.考核的困難與障礙

　　銷售類的A級人才需要東奔西跑，大部分時間不在企業內部作業。他們的主管也很難看到他們，考核時所得到資訊是較為片段與零散的，甚至沒有真實性，而用唯一考核的業績指標，就顯得非常不夠全面。另

外，有些A級人才比較強勢，或者是為企業建立戰功，會將上級管理者的管教與批評不當回事，對於績效面談的回饋置之不理，這使得績效考核無法發揮良性循環的作用。

A級人才考核問題解決之道

由於這些A級人才進行考核時會有以上的問題，企業在績效考核方式上可以有以下幾種方式來解決。

1.採用與目標連結的考核制度

這種方式是在考核年度開始前，就為A級人才設立與其職責相應的目標，以該期間的成果來衡量績效。透過這種方式可以引導A級人才朝向公司發展的方向前進，並在一定期間後作為總結的依據。但是由於關鍵職位的性質不同，所以在考核上還是多少會有一些不同。不過像這樣的情況可以根據職位的性質做調整與修正。

2.設立長期與短期相結合的目標

對於管理類別的關鍵職位，避免他們過於追求短期目標而有損企業長期的效益。因此，他們的指標應該考慮短期的營業額、利潤率等指標，也要考慮長期的目標，如：企業品牌、未來競爭力、人才培育等指標。在實務當中，許多企業總經理為了應付每月股東會的業績報告，或者為了使公司的股價好看，通常會追求短期目標而忽略長期目標，這樣的情況下會將企業的問題暫時隱藏起來。

由於許多專案週期較長的緣故，所以需要將時間拉長來進行考核。

但考核時間拉長之後，在這期間的過程可能會不受重視。因此，企業不是等到考核時再來進行檢驗，而是在月度或每週就要給予績效回顧（Performance Review），讓他們隨時關注自己的績效，並修正自己努力的方向，以便於在正式的績效考核時，能確保目標的完成。

3.結合其他評估手段

　　由於量化的目標導向可以較為公正客觀的衡量A級人才的指標，但對於有些重大事件，可以做更詳細的評估。重要事件評估方式主要是為被考核者準備一本「績效紀錄本」，由上級主管與考核人隨時記載，以便於掌握被考核者的工作情況。特別是對於考核期間太長的研發專案過程，可以記錄每個專案成員作出哪些有意義的貢獻，或者是有缺失影響專案的進度，以作為最重要的考核依據。既然是重要事件評估，所以對於瑣碎的生活細節就不記載，也不可以像流水帳這樣毫無重點的陳述。這種方式可以彌補目標考核法的不足，使得考核趨向完整與完善。

　　若是企業規模夠大，在管理制度健全且資訊系統完善的情況下，也可以進行360度考核與平衡計分卡比較複雜的方式來進行績效考核，以便於從多方位的角度更公正客觀的考核衡量員工。

 ：A級人才考核的解決之道

對於A級人才的績效考核所出現的困難點，請您根據以下步驟，找出改善A級人才的考核方法。

第一步：提出考核的問題與困難點

序	勾選	內容	說明
1		考核指標較為長期性	
2		考核指標不易衡量	
3		考核指標模糊性	
4		考核的困難與障礙	
5		其他	

第二步：找出解決方案

序	勾選	內容	說明
1		採用與目標連結的考核制度	
2		設立長期與短期相結合的目標	
3		結合其他評估手段	
4		其他	

3-4 ● ● ● ●
評估與提升關鍵職位人才的績效

　　企業對於關鍵職位的員工要時時關注，因為公司花大錢把他們找來，主要是他的專業能力、過去的經驗、以及企圖心等等的原因。但他們未必能在新的職位中表現出該有的水準。這主要是涉及到許多因素，這些因素若是不能消除，公司因組織能力無法提升，會造成公司的損失。所以企業必須要評估關鍵職位人才，找出解決重點，以提升A級人才的績效。

組織能力公式

　　組織能力的展現，主要來自於員工思維、員工能力與員工治理。組織能力公式如下：

　　組織能力＝員工治理 × 員工思維 × 員工能力

　　員工治理代表著企業的環境面，也就員工能不能，企業有沒有給有意願、有能力的員工適當表現與發展的機會。員工思維與員工能力在圖3-1中所展現的是意願維度與能力維度。意願維度代表著員工思維，也就是員工要不要。能力維度代表著員工能力，也就是員工行不行。若此三方面結合，企業的組織能力自然而然得以提升。

高	諮詢 （可能會跳槽）		激勵 （提供適宜環境）
中	諮詢	輔導	訓練
低	警告 諮詢 （可能會跳槽）	訓練	訓練
	低	中	高

能力態度

圖3-1 人才提升績效圖

員工治理問題

員工治理的方式包括很多模式，在工作當中是否設計出一套能展現員工能力的機制，並且獲得學習，使員工不斷的提升自己的能力，從而改善自身的工作績效。許多時候，我們看到有能力的人才到了一家企業去的時候，發現英雄無用武之地，或因企業文化的適應問題所產生了許多情況，讓有能力且想發揮的A級人才，最後敗北而離去。有位很有能力的台籍職業經理人被大陸一家國營企業聘用，希望解決多年以來國營企業所遭遇的問題，但這位A級人才想要大刀闊斧改革時，卻遇到層層阻力，或者是下層人員消極的抗拒與不配合。雖然這位職業經理人很努力，但最後還是變革失敗而離職。

有些企業雖然過去有輝煌的歷史，但已經逐步老化，且面臨到市場的飽和期。企業發展進入成熟期，但是企業人員仍然沉醉於過去成

功的經驗，並且由於缺乏外部刺激與挑戰，使得企業內部高層人員開始內鬥，大家失去了團隊共同的目標。當企業面臨這種情況時，A級人才努力的方向會失去焦點，而將時間與精力浪費在無意義的事情上。所以要讓員工能發揮自身的能力與工作意願，企業必須要有好的企業文化與管理制度才行。

人才績效提升法

若是員工治理機制良好，我們可以從能力面與意願面來考慮如何提升員工的績效。員工的分類為管理者提供員工績效提升方法可參考的建議。我們可以從兩個維度來評價關鍵職位人才績效的情況。如圖3-1所示，我們可以將兩個維度區割成9個區塊。在不同的區塊，我們運用不同的管理方式，來提高員工的工作能力與意願。企業可以對不同類型員工採用不同的改進提升的手段，以便將員工逐步提升成為企業所期望的優秀員工。

對於工作意願與能力都高的人才，企業要不斷維持他的績效。通過肯定其工作表現，運用口頭、書面與公開場合，給予實質或精神上的鼓勵或支持，並重視立即的績效而即時給予鼓勵，以使他能不斷保持與提升自己的績效。

若是一個A級人才缺乏發揮的機會，則無法滿足他個人自我實現的需求，進而產生消極層面的思想，最後意願維度下降，導致跳槽的可能，畢竟A級人才不愁找不到工作。若這種情況在企業是普遍現象，則導致「劣幣驅逐良幣」的情況，企業的人才就會減少，企業就會一日不如一日，每況愈下。因此，對於A級人才除了激勵之外，還要提供他能夠發揮的環境，以使得他的努力能表現在組織的整體績效中。

對於能力不足但很有意願工作的員工，企業可以通過培訓與輔導來

提升其個人能力。企業可以通過培訓，安排他們參加企業內、外部專業技能培訓等課程，以增進本職工作的技能，並現學現用，發揮在目前的工作需求上。輔導是工作中培訓，是指在實際現場的工作指導及示範，以學習的方式進行，來增進對工作的熟悉程度，並藉以提高工作意願。

員工能力上的提升往往是通過不斷地實踐培訓，使工作成績從實際成效中見效果。因而提高工作的效果才是提升工作能力的最終目的。假如員工願意學習，且他一直保持此種學習的心態，則他會不斷提升工作能力，漸漸朝向A級人才的方向前進，假以時日，他就會有可能會成為A級人才。

對於意願不足但有工作能力的員工，企業可以通過心理諮詢來提升其個人工作績效。企業可以通過心理諮詢的方式，來克服員工心理的問題。心理諮詢重在解決個人態度及人際關係上的缺點，針對其心理障礙或困境，提供他們克服的意見與建議，並以充分支援及鼓勵的行動，提高他們工作意願。工作態度的提升，通常是藉由面談、交流等直接溝通方式，來使員工融入企業的大家庭，克服心理上的障礙，使他能完全投入工作。一位有能力的員工在意願上不足，可能是因為企業內部或自身的因素，產生心理的不愉快、不舒服，從而產生打消積極的意願。

對於意願低且能力差的員工，企業應該適時給予警告。企業應該針對該人員的工作缺失，給予嚴密的監督與控制，以及暗示他若是不改進，可能產生懲罰性的後果，使其達成工作最低標準的要求。若給予一段時間，他仍我行我素，不努力提升他的工作意願，也不學習提升工作技能時，這時只有予以辭退處理，或讓其提早退休。

工具箱 3.4 ：人才績效提升法

　　我們可以用人才提升績效圖來對不同類型人才加以分類，以找出提升人才的手段與方法。我們將人才提升績效的模式，通過下列步驟實施。

第一步：能力與態度的定義

　　我們將企業中人才所需要的能力與意願的要求程度進行定義。以便形成量化指標，來做為衡量刻度的標準。

第二步：進行人才的分類

　　將企業內部的人才依意願與能力維度進行分類，將人才分成四類，如下圖，並將人才的姓名分別放入各區隔中。

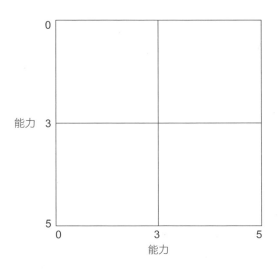

第三步：制訂改善各種狀態人員的績效提升

　　針對不同類型的人才制定激勵、培訓、輔導、諮詢等方面的改善計畫。

第四章　*Chapter 4*

A級人才的激勵措施

● ● ● ●

企業遇到的A級人才問題，大部分是激勵與留才
的問題。由於A級人才是許多企業希望挖掘的對
象，A級人才與企業的競爭力有著直接的關聯性
，假若A級人才流失，對企業將是一大損失，所
以對於企業而言不可不慎。

4-1
Ａ級人才激勵的前提

　　人才與企業兩者的發展必須結合，否則會產生目標分歧的現象。例如：當Ａ級人才個人的能力到達一定的水準後，若他在公司沒有發展或提升的機會，則他可能會產生挫敗感，而採取離職或工作意願低落，所以最佳的狀況是企業與個人共同成長，這不但包括能力，也包括其貢獻使公司成長利潤的分享。

　　由於中國大陸產業發展迅速，一些產業的技術與管理人才嚴重不足，而且許多職位的人才嚴重稀缺。面對這種情況，若是企業的關鍵職位的人才流動太快，則無法將產業的核心技術傳承下去，而降低企業的競爭力。

人才與技術的關連

　　若是能將這些核心關鍵的人才能留在公司5年以上，則師傅帶徒弟的模式就可以產生效果。對於一般企業而言，新進員工若能待半年在公司，則對於工作內容基本熟練，待兩年技術與工作能力會較為成熟，所以若這些人員常常變動，則技術就無法得到持續性的傳承。

　　許多中國的企業由於人才流動速度快，導致人才斷層。當新人好不容易到公司兩年，正是他們可以發揮的時候，這時又被人挖走，又要重新開始訓練與培養，如此不斷惡性循環，導致技術嚴重斷層。如圖4-1所示，原來公司希望技術能呈現直線的提升，但是遇到人才的流動，造成

技術水準與目標值產生落差,若是惡性循環,則技術斷層的問題更加嚴重。

對於技術的斷層問題,某些職位的人才是容易培養與訓練的。這些職位由於學習曲線較短,培訓的密度不高,因此,企業可以在短時間內大批量的培訓出合格的人力資源。但是對於A級人才而言,培養時間漫長,在人才市場上又是較為稀缺,因此,只能透過強而有力的留才措施來進行。

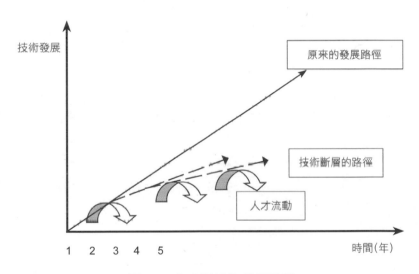

圖4-1 人才與技術發展路徑

A級人才獎勵的差異

大部分A級人才的確定主要是從部門與職位的職責重要性,來確認哪些職位是屬於A級人才的範疇。在這些職位的人由於很重要,因此要給予特別的待遇。對於A級人才來說,在一般員工之上,需要增加特殊

的激勵方案，企業必須依其貢獻來做為激勵的基礎，與其他一般人員有所不同。如圖4-2，一般員工主要是從職位職責給予薪酬，確保其保障性收入，主要是基本工資、津貼與福利等。這部分在許多人力資源管理書籍中都有提到，在此不再贅述。A級人才則是除了這部分之外，公司考慮其特別貢獻，所給予的獎勵機制，包括獎金與股票激勵，透過這部份來激勵A級人才，讓他們在公司中更有積極性。

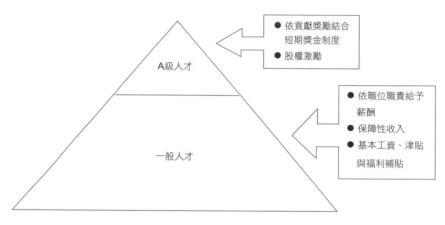

圖4-2 A級人才獎勵的特殊性

但是我們在給予這些職位人員特殊待遇之前，必須要有前提條件，否則會導致問題。這些前提歸納如下：

前提一：管理制度要上軌道

我們所說的A級人才的管理，並非是脫離公司另立一套單獨的體系，而是在公司現有的制度體系上延伸出來的管理制度。A級人才的管理制度必須建構在原有的管理制度上。若是原有的體系架構不健全，可能反而不能產生效益，還會產生許多問題。例如：公司原來組織分工不明

確、部門與個人職責不清晰、報告系統一團糟、目標管理與績效指標不合理等情況下，貿然實施A級人才管理制度是會有問題的。原因是即使定義與確認出哪些人是A級人才，但無法清楚他的職責，也無法衡量他的個人貢獻，在後端的激勵人才機制就沒有了計算的標準。

前提二：依個人戰功獎賞

在重要職位的A級人才，若是在無戰功的情況下，就給予激勵措施，這樣並不能產生正向的效果，反而會對其他A級人才感受不平衡而內心產生衝擊。有家公司晉用了許多親戚朋友，公司總經理喜歡越級指揮，這些親朋好友也喜歡越級報告，總經理對下層管理人員的評價以關係導向論定，而不能以其個人功績或績效評價個人，公司又沒有公平合理的績效衡量機制，公司的A級人才感到失望而紛紛離去。

所以當公司評價員工的標準不公平時，激勵就會失去原來的價值與作用。另外，公司對於A級人才的激勵成本是非常珍貴的，若這些獎勵不能放在刀口上給予那些應該獎勵的A級人才，不但達不到激勵員工的效果，也是成本的一種浪費。

前提三：獎勵員工的一部份要放在公司

對於A級人才的獎勵，不要一次完全以現金或其他金錢性激勵給予，應該依一段期間來攤提。公司應該考慮從他的獎金或獎勵當中，拿出一部份來換算成未來的獎勵，以使得員工能夠長期留在公司。但是要拿出多少比例放在未來的報酬，需要客觀合理的衡量，太多或太少都不合宜。

前提四：考慮有潛力的人才

公司所給予的短期報酬應著重在有績效表現的人才，但股票期權這類長期報酬則優先給予有潛力的員工，因為他們對公司的未來發展有幫助，應考慮到他們的長期利益能夠與公司的發展相結合。因此，對於有潛力的人才，可以優先以股票形式給予。

 **：制定A級人才激勵的前提條件**

　　對於A級人才的激勵制度設計，企業需要設定前提條件，以作為設計薪資管理制度的依據。關於這個部份，我們可以從高層管理者的管理哲學、經營策略、產業發展、企業生命週期、人才盤點等不同方面來考慮。請您填寫下表內容，以便於制訂公司激勵A級人才的前提條件。

第一步：資訊搜集

項目	擷取資訊方式	擷取訊息
高層管理者的管理哲學	高層主管訪談	
經營策略	公司策略規劃文件	
產業發展	產業發展新聞與情報	
企業生命週期	營業額與市場潛力評估	
人才盤點	工作說明書、內部A級人才的盤點	
其他因素		

第二步：制定前提條件

　　請您用條列式的方式歸納出激勵A級人才的前提條件。

A級人才的激勵前提

4-2

設計留才的薪資政策與結構

　　對於企業來說,人事預算始終是有限的,企業如何將每一分錢花在刀口上,留住該留住的人才,這件事是一件至關重要的事情。由於每個企業發展目標、產業現狀、企業生命週期都各不相同,如何設計出適合的薪資制度,達到企業希望的預期目標,這是因企業的薪資政策不同而有所差異。

薪酬結構的設計

　　一般來說,薪酬結構的專案包括:薪資、津貼、獎金、股票期權、福利等。由於不同的薪酬結構專案對於員工的感受與效果不同,透過不同的薪酬結構設計,可以產生不同的留才效果。

　　薪資與津貼主要的目的是保障員工基本生活所需,並給予員工生理與安全上的滿足,在兩因子理論中是一種衛生因子,給了它會使員工消除不滿足,但不能讓他產生滿足。給予員工較高薪資與津貼會有一定留才的效果,但不能保證員工能持續感到滿足,當員工工作一段時間後,薪資與津貼所給予的滿足感隨即消失,這兩個薪資專案就容易被員工認為是理所當然。

　　獎金是依據員工的表現與績效結果所給予的報酬,對於員工有即期的激勵效果,使他不斷努力朝向公司設定的目標發展前進。但由於它變動性較大,不確定因素高,有一定的留才效果。

　　股票期權是近年來企業常用的留才方式，它是一種長期激勵的措施。公司讓員工成為股東，能讓他們對公司更有歸屬感，長期留才效果佳。但是若股票價值不大，還會貶值，則無法發揮作用。

　　因此，在這些薪資項目的搭配中，什麼給的多，什麼給的少，就成為企業薪資政策的一部分。有些公司提倡「低底薪高獎金」或「高底薪低獎金」，有些公司在這兩部分都給予較少，但額外給予股票期權。企業如何給予員工獎勵措施，則要看公司的薪資政策。微軟的薪酬結構主要是薪資、獎金與股票認購權與福利四部份組成。相對於競爭者，微軟一般不會給予員工很高的薪酬，但是有高達15%的一年兩次的獎金、股票認購權以及薪資購買股票時享受的折扣，公司員工工作滿18個月可以獲得股票認股權的25%股票，此後每6個月可以各獲得12.5%，10年內員工可以兌現全部認購權。

外部競爭力的薪資政策考慮

　　為了要瞭解外面的薪資行情，企業參與調查或另外購買許多顧問公司推出的薪資調查報告，包括美世、漢威特、惠悅等方面的顧問公司。企業的目的是要吸引外部人才以及將人才留在公司內部，進行外部薪資調查是必要的。因為要使公司的薪資具有外部公平性，以及面對外界的人才競爭，薪資在外部競爭中要有一定的競爭力，所以企業需要參考這些薪資調查報告，來作為薪資制定的參考。

　　然而，企業參考薪資報告上的數字，還是必須要擬定本身的薪資政策，並根據外部薪資水準的數字來參考調整。關於公司的薪資政策，內容包含很多細節與情況，在此只針對企業留才的考慮，作為制定薪資政策的依據，說明如下：

1.選取不同國籍企業參考群體：由於產業內不同的企業有不同的薪資水準。一般來說，歐美企業相對於日資與韓資企業來說都是較高的，日

資與韓資企業一般會高於港資與台資。在人才的競爭當中,你要跟誰比較就成為重要的問題,公司是要在同企業群體的人才當中比較,還是要跟歐美日韓企業爭奪人才,成為企業要思考的問題。

2. 選取不同地區企業參考群體:由於臺灣地方較小,可能南北薪資水準差異不大。但對於較為廣大的地區市場,地區薪資參照水準是一個很嚴峻的議題。例如有一家在寧波的企業,它的薪資水準要跟寧波當地比較,還是跟浙江省企業的薪資水準比較,還是跟全國的薪資水準必較。這個問題主要涉及到留才問題,對於當地流動的人才,只需與當地比較;在全省流動的人才,需要跟全省企業薪資水準做比較;在全國範圍內流動的高級人才,則需要做全國行業薪資水準比較。若是企業內部有些人才需要在國際上獲取,則不排除與國際薪資水準比較。

3. 從關鍵職位的A級人才流動考慮:對於公司關鍵職位的A級人才,若是那些層級或專業職位的流動性高,則考慮其流動原因為何?是否是薪資不具競爭力?是否要針對特定關鍵職位的人員調薪,以便於解決企業人才流失的問題。

讓公司獲利連結員工獎勵

相對於較為固定的薪資與津貼,獎金與股票期權的好處在於可以與公司獲利的情況結合,以減少公司在不獲利情況下,還必須支付高額薪資的風險。當企業當期獲利高時,給予員工的報酬獎勵較多;若當期獲利少或無獲利時,則給予員工較低報酬獎勵,或甚至取消。因此,企業透過員工獎勵可以降低經營上的風險。

在中國大陸某家建築工程公司看準了中國環渤海將是未來十年國家建設的重心,但是建築與業務人才尚屬短缺。因此,公司高層極力希望吸引A級人才到企業來。該公司調整了內部薪酬與激勵機制,將營收做

合理分配。三分之一作為公司成本，三分之一作為公司利潤，三分之一作為對內部A級人才的獎勵。這最後一筆的三分之一也就是作為企業「金手銬」激勵機制，目的是留住企業內部A級人才，制度設計希望綁住A級人才5~10年。

公司將獲利情況與員工獎勵機製作連結，可以有很多好處，主要是讓員工可以在公司獲利成長的情況下，與公司一起分享豐收的成果，讓員工對企業更有歸屬感，並且會從公司立場的角度考慮事情，願意與公司一起努力，來達成公司的營運目標。對於公司來說，透過內部激勵機制吸引外部人才進入企業，並讓員工與公司一起努力完成成長目標。

薪資與年資/績效連結

有些企業鼓勵員工長期留在公司，其目的在於將技術紮根在企業內部，因此，公司設計一套長期的留才計畫。有家公司針對年資滿3年、5年與8年的技術工程師跳槽的問題，設計了一套搭配3/5/8的概念設計。這套薪資制度主要是在關鍵時間點加薪，滿3年大幅加薪30~50%，滿5年再大幅加薪，滿8年再大幅加薪，這套薪資制度解決了有既定年資技術工程師的離職問題。但這樣的做法會使企業人事成本高漲嗎？會的，企業人事成本會提高，但是公司的獲利更大。由於工程師技術的熟練，這會使得企業的技術延續下去，減少學習成本，增加企業的效益與競爭力。

關於大陸中層人才的跳槽風氣，有家台籍企業的總經理說到：「像我們這樣高精密型的企業，除了設備價格昂貴外，操作人員技術熟練對產品良率是很關鍵重要的。若是企業一直降低人事成本，則另一端會產生更大的浪費。由於中層技術人員不斷流失，公司需要招聘新人進來給予培訓。到公司的新進人員要重新摸索，若是損害機器或產品過程出了

差錯，企業的損失就遠遠超過所降低的人事成本。所以除了合理的成本降低之外，如何讓員工產生更大的效益將是我們更關注的議題。」但我們看到更多台資企業在大陸的用人政策，更多是關注成本，而不是思考如何讓人才產生出更大的效益。

 **：設計薪資結構**

　　企業設計A級人才的薪資結構，必須要根據公司的薪資政策，以及外部的薪資水準來制定。請您根據以下步驟，來思考規劃A級人才的薪資結構內容。

第一步：制定薪資政策與參考外部薪資水準

關鍵職位	薪資政策	外部薪資水準

第二步：設計薪資結構

薪資結構專案	工資	津貼	獎金	福利
政策				
內容				

4-3

股票期權制的留才措施

　　股票期權制（員工持股制度）是指有企業內部員工出資認購本公司部分股權。公司可以考慮用股票期權制來留住A級人才。股票期權制起始於1980年代的美國，當時為了要長期激勵與管理核心技術人員，當初企業設計了這樣一套薪酬制度與留才機制，通過員工持有公司的內部股份，參與公司財富的分配，與資本所有者同享公司成功的成果。

　　股票期權制是一種企業與員工約定的價格，在一定時期後，買入該公司一定數額的股票。也就是企業允許員工在一定期限後，以事先約定的價格，擁有企業一部分股權。

　　過去薪資與獎金制度，只有短暫的激勵效果，而股票期權制則在未來若干年後，才能獲取收益，且將自己與公司的利益綁在一起，這樣可以引導員工朝向公司目標的發展方向前進。關於股票期權的價格如何約定？一般來說，管理者以該權利被給予時的價格為執行價格，到期權到期時才能購買這些期權股票。

　　期權的年限多半是5~10年，在股票的兌現中，大多數公司都規定這些股票期權每年只能兌現20%，假如員工主動提出離開公司，其擁有但尚未執行的公司股票期權將自動取消。因此，這讓員工在離職時會有所顧忌，即使在獵人頭公司要挖人時，他也必須考慮未來潛在利益的損失。

運用股票期權的限制與缺點

若是到時股價高於雙方約定的價格，則員工可以獲得兩者的價差，這樣可以引導員工在期權期限內努力提升公司的業績，是一種雙贏的政策。總而言之，股票期權制對公司、員工與股東而言，有以下的優點。股票期權制的作用對於公司而言，有以下的好處：

1.可以激勵員工努力工作，吸引人才，提高公司的整體競爭能力；

2.可以擴大資金來源，獲得低成本資金；

3.可以減輕稅務負擔；

4.可以防止其他公司的惡意收購或兼併的可能；

　　股票期權制的作用對於員工而言，有以下的好處：

1.可以分享公司的公司的經營業績和資本增值；

2.可以增加收入，減少納稅費用；

3.可以增強參與意識，參與公司的經營。

　　股票期權制的作用對於股東而言，有以下的好處：

1.可以收回自己的投資，特別是獨資公司的投資者，在退休時，既可保留公司不被競爭者收購，也可收回大部分投資；

2.可以通過紅利分享公司利潤；

3.可以減輕稅務負擔（雇主向員工出售股份時，可減免增值稅）；

　　股票期權制雖然有許多優點，但在實際執行時也發現有許多缺點與限制，這是管理者在實施前必須考慮的前提，這些缺點與限制有些在於績效考核的問題，分別說明如下：

1.績效衡量客觀性

若是管理層無法掌握的因素太多，此時業績與其個人績效掛鈎，再

使用股票期權，可能會導致許多問題。例如美國的安然事件與世通公司就與此有關。兩個公司都是在執行長請辭與財務總監被革職後，才發現這些高層管理者，先前就有大量的內線交易違規記錄。由於該行業的特性是，外部總體經濟力量與股市對於證券與金融業的績效影響很大，而這些因素很難被個人控制，在此種情況下，企業採用股票期權要考慮外部影響。

2.要與經營績效掛勾

企業的股票若已經上市，則股票的價格難免受市場的波動所影響。有時公司的股票上漲是由於證券市場受到產業行情、總體狀況或其他人為炒作等因素影響。因此，有些公司在股票期權的行使上規定，期權的行使必須是內部績效指標考核有成長，並且要跟行業內其他產業做同等比較，只有達成企業內部營業的利潤或市場佔有率增長等因素的前提下，才能行使股票期權。例如：美國波音公司對於此項規定，只有公司股票連續5年保持升值的情況，贈與的股票期權才能交易，並且股票升值不是股市泡沫所造成的，而必須是營業的利潤上升所導致的。

3.行業特性與企業生命週期的限制

若是企業的股票價格下跌至當初約定價格，則會加速員工的離職。因為倘若期限到了，但員工可能會以較高的金額買下不值錢的股票，對他們不利，所以索性先離職，以避免風險，但這也意味著他是一位不成功的管理者。所以在實施股票期權制是企業把握市場前景，公司最好處在成長期的階段，這樣才具有激勵性，才能達到企業預期效果。換句話說，股票期權若適用在衰退期的產業，股票市價向下波動時，企業採用此措施前要多加評估。

股票期權制的多種形式

股票期權發展至今，已由傳統股票期權制的單一形式，發展出多元不同的其他形式，以下分別說明（趙民、陳立華，2005；Bob Nelson，2005）：

1.職位持股制

某些企業的股票是給予某些職位的人員，但不能繼承，一旦該職位的人員離開公司，則失去持股的權利。也就是股票利益的享有是「認職不認人」，也就是「誰在其位，誰謀其政，誰享其利」，這種方式兼顧到人員流動性與權責相等的原則。這種模式下，若一家企業實施此制度時，對於經理層以上的員工實施職位持股，則在位者可享受分紅的股利，但不准變現。若是某位經理離職，則他就不能再享有此方面的股票分紅的利益，而是轉給了新上任的經理。例如：某集團公司預留了3000萬股，預定要給予高級管理者，要是誰做了總裁，可擁有200萬股，但若換了總裁，則這筆股票就不歸你所有了。職位持股制的好處在於，管理人員沒有另外出資買股的問題。對於大型上市公司而言，若只有一點比例的股票，都會對管理者產生激勵的效果，因為其換算出來的絕對值都是夠大的。

2.虛擬股票制

作為一種延遲支付的有效手段，在虛擬股票方案中，被授予者根據雙方達成的協定，在公司業績達到雙方商定的標準，公司股票在一定期間後高於規定的價格，或者其他使得公司股票價值增加的事實出現時，得到一筆現金回報。

有些公司尚未上市上櫃，沒有公開發行的股票，或者是對於已上市上櫃公司，由於不想讓股票期權影響公司股本結構與股東投票權力，企業可以採用虛擬股票制。此種模式下，員工並不是真正持有公司的股票，而是將員工的獎金按當時的市值，折算成公司股票（虛擬）的數額，並計入持有人的名下，且給予其本人一份證明文件，在規定期限，持有人可以按照市價將股票折算為現金。它的好處是讓企業所有者能更好的控制公司，但缺點是沒有投票權的員工依然會感覺到對公司沒有發言權。另外，虛擬股份制分配收益只能從公司經營費用中支出，而不能以股利的方式在利潤中分配，對企業的財務結構而言也是一大負擔。

3.股票期股制

　　此模式是由企業與員工商定好股票購買的價格，在未來一定期間內，員工可以用多種方式，包括：個人出資購買、貸款、向公司借款、獎金或獎勵轉換等方式，獲取一定數量的股票數額。但是在還清或清償購買期權股票之前，該員工不享有所持股票的分紅股利。這種方式對於員工而言，激勵性較低，但若公司成長速度快，發展空間大，則不失為一項考慮因素。

股票期權幾種機制的比較

　　關於以上幾種不同利用股票的留才措施，我們可以分別從企業生命週期、長期激勵性、財務壓力等幾點來考慮。經過多項比較之後，以下有幾種不同的形式與傾向。企業在選擇對於A級人才的激勵形式時，可以根據自身的特點，選擇合適的模式。

1.企業生命週期

　　若不考慮其他因素，單純就企業處於不同的生命週期來看，不同的企業所處的時期，會傾向用不同的形式來設計激勵機制。當企業處在成熟期與衰退期時，公司透過股票期權的激勵方式吸引力較小。但從草創期到成長期，激勵員工可以採用股票期權的方式，筆者的建議依序為虛擬股票制、股票期股制、股票期權制、職位股票制（如圖4-3所示），以使得激勵效果較佳。

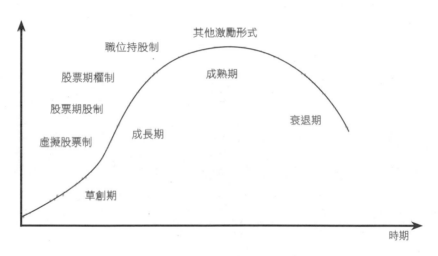

圖4-3　不同企業生命週期的股票期權設計

2.長期激勵性

　　股票的獎勵形式主要是給予員工長期的激勵，以使得企業可以長期留住A級人才。在圖4-4，激勵性可分為短期（5年以下）、中期（5~10年）與長期（10年以上）。一般薪資與獎金的激勵措施，只有短期激勵效果，人才容易流失。若從激勵性的長期效果來看，不論是虛擬股票制

、股票期股制、股票期權制、職位股票制等，都可以長達5~10年的中期激勵效果。若是企業要長期（超過10年者）吸引人才留住，則可以透過長期配股的方式，但此部分考慮到企業的未來不確定性與人才適度的流動，企業的激勵制度設計一般不超過10年以上。

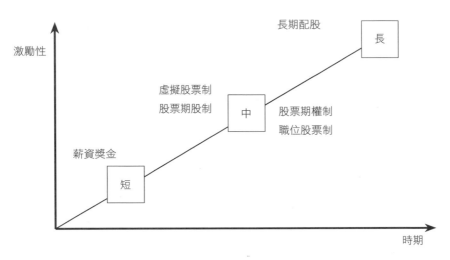

圖4-4　股票期權的長期激勵性

3.財務壓力

對於企業的財務壓力而言，股票期股制的財務壓力較低，主要是由於員工在未來一定期間後，公司需要以一定的償付方式或應該給予的獎勵，來給予股票，所以財務壓力較輕。而股票期權制或職位股票制則是透過不同的方式給予，但由於分配方式是以實際股票的分紅作為獎勵的手段，當企業有利潤時，才進行分配。虛擬股票制由於是算在營業費用的帳目上，所以對企業的財務壓力相對來說要沉重一些。

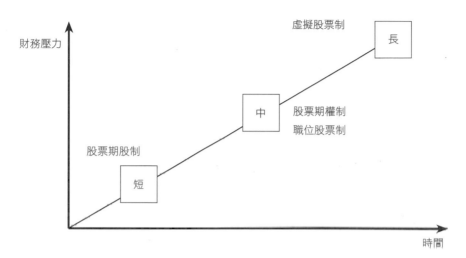

圖4-5 不同財務壓力的股票期權

工具箱 4.3 ：股票期權制度設計

　　貴公司若要用股票期權的方式留住人才，則必須考慮幾項因素，來作為選擇股票期權制度的參考。請您依照本文中所提的設計原則，根據貴公司目前的實際情況，考慮公司企業生命週期、長期激勵性、財務壓力等因素，以便於設計出適合企業的股票期權制度。

第一步：考慮公司情況

	公司實際需求情況
企業生命週期	
長期激勵性	
財務壓力	

第二步：選擇適合公司的股票期權方式

股票期權類型	選擇	適合的關鍵職位	優缺點
虛擬股票制			
股票期股制			
股票期權制			
職位股票制			

4-4 ●●●●
高科技產業的技術入股制度

　　企業為吸引技術人才能到公司服務，或將他個人所研發出來的技術帶到公司，有些企業會設計技術入股制度。技術入股是技術要素參與收益分配的重要形式，對於有成果的科技人員產生激勵，並且也促進了企業的發展。公司將技術人員的成果價值換算成公司的股票，並藉由所持有的股票參予公司的分紅配股。

技術入股價值的考慮因素

　　對於「技術」的價值換算，有一派學者主張由市場決定，有人願意購買此技術的最高價格，就是這項技術的價值。但是另有一派學者認為，「技術」是一項資產，應該用評估其他資產的方式來評價，但是技術與其他資產的特性並不一定相符，技術對企業的貢獻大小不定，期間也可長可短。因此，這樣的模式可能無法體現實際的情況。

　　另外，對於技術所產生的收益該如何分配，這也是一項重大難題。有些企業採用分成的方式，將技術所產生的收益三分為資金、管理能力與技術（各占1/3或2:4:4）；四分法則以資金、勞動、組織與技術的部份各占1/4。

技術入股的優缺點

　　採用技術入股這種方式的好處在於，將知識與資本進行轉換與結合。對企業而言，更能增加本身的核心競爭力，對技術擁有者而言，他們會因為企業的成長而獲利，進而激發他們內在的工作動力。技術入股能夠吸引、激勵與留住技術人才，將A級人才的努力方向與公司目標一致，對於人才管理有極大的好處。

　　雖然，技術入股有種種好處，但技術要素入股也可能導致企業與個人的風險等。為防範技術入股的風險，企業需要增強營運的風險意識，將技術審核的工作做好，合理判斷技術的價值和股份的份額，以及訂立技術入股的合約。

　　對於技術入股的設計有一些限制與缺點，這些方面說明如下：

1. 若是公司股票沒有上市，或是資本市場不夠健全的情況下，則技術人員所折算的股票在未來不一定能合理的計價或兌現，像這些情況都會增加技術人員的憂慮。

2. A級人才的「技術」如何換算成「股票」，以多少股價換成多少數額的股票是一個很難客觀衡量的問題，即使企業考慮種種因素，用一套標準公式衡量計算，也很難考慮周全，再加上外在因素的變動，使得公式所計算出來的結果會有不小的落差。

3. 在中國大陸目前的《關於促進科技成果轉化的若干規定》中限制了技術資本在總資本最多能占到35％。但是在知識經濟的發展下，一項科技成果或專利對企業的貢獻，可能遠遠超過35％，這可能對於技術入股產生許多障礙。

4. 有時入股的專利技術將歸屬所入股的公司所有。技術入股人對公司的責任只限於專利技術，不再承擔任何額外現金的責任。也就是說技術入股只是將研究成果或發明授權給公司，讓研究發明人成為公司股東

，但研究發明人可以到其他公司上班，只是不能將研發成果轉到另一家企業或個人自行從事相關經營，對於企業A級人才的取得，效果較為有限。

工具箱 4.4 ：技術入股的利潤分配

　　貴公司若要用技術入股的方式，吸引人才將研發成果帶到公司，則需要將研發成果所帶給企業的營收加以規劃設計。企業對於技術所產生的收益該如何分配，這也是一項重大難題。本文中所提到三分法或四分法可作為企業設計技術入股的參考。請您根據貴公司情況，設計技術入股的利潤分配。

第一步：計算淨利

序		説明	金額
1	收入		
2	減：成本		
3	＝毛利		
4	減：稅額		
5	淨利		

第二步：利潤分配

序	三分法	比例	淨利分配	序	四分法	比例	淨利分配
1	資金			1	資金		
2	管理能力			2	勞動		
3	技術			3	組織		
4				4	技術		
合計		100%		合計		100%	

4-5
高管人員的金色降落傘

　　金色降落傘（Golden Parachute，又譯黃金降落傘），是一種補償協議，它原來是規定在目標公司被收購的情況下，公司高層管理人員無論是主動還是被迫離開公司，都可以得到一筆巨額安置補償費用，金額高的補償會達到數千萬甚至數億美元，這會使收購方的收購成本增加。「金色」意味著補償是豐厚的，「降落傘」則意味著高管可以在併購的變動過程中平穩過渡。

　　一般來說，員工被迫離職時(不是由於自身的工作原因)可得到一大筆離職金。它能夠促使管理層接受公司控制權變動（主要是可以為股東帶來利益），從而減少管理層與股東之間所產生的利益衝突，以及管理層為抵制這種變動造成的交易成本。當公司要被收購時，對於公司高管人員支付一大筆補償金，防止高管人員會採取抵制收購活動所設計的一種制度措施。

對高管人員的留才與激勵機制

　　金色降落傘主要是針對高管人員所設計的制度，它是按照由於公司控制權的變動，而對失去工作的高管人員所進行的一種經濟補償的附加條款，一般是公司與高管人員簽訂雇用合約時就一起訂定。這項條款通常規定在某一特定期間或情況，按一般補償金的一定比率，公司支付一大筆金額給符合條件的高管人員，但這樣的條款卻開始成為被用來激勵

高管人員的留才措施。根據學者的實證研究表明，若有加入金色降落傘機制條款的企業股價平均增長3％左右，其主要是因為金色降落傘對於高管人員的激勵有延遲支付的效果，從而使他們更關注於公司長遠發展與股東的利益。另外由於高管人員的貢獻與價值是需要較長期時間才能展現。因此，隨著時間的推移，企業可以獲得更多長期獲利的資訊，也使得他們的價值能得到體現。

金色降落傘的其他作用

在美國，金色降落傘規定出現以前，許多公司被併購後，高管人員通常在很短時間內被解雇，這些高管人員辛苦努力但卻換來如此不公平的結果，金色降落傘就是為瞭解決這樣的問題而制定的。目前金色降落傘在西方主要是考慮併購時所產生的交易成本問題，但是在中國卻有不同的運用目的。

對於許多老化的企業來說，公司如何解決資歷老但沒有潛力的員工是一個頭痛的問題，透過黃金降落傘（又常被稱為退職金或退休金）來優退老臣，使組織活力更新。例如：過去臺灣裕隆汽車在組織變革時，就使用優退的方式，解決這方面的問題。

在中國大陸的許多企業，由於規定60歲退休，許多過去努力為企業工作，對企業有貢獻的高層管理者，由於退休後只拿取政府規定的微薄的「養老金」，因此在退休前「挺而走險」，作出違法犯紀的事（又稱59現象）。透過金色降落傘的措施，可以解決企業元老的歷史貢獻與遺留問題。例如山東阿膠集團就成功實行了「金色降落傘計畫」，把部分參與創業但已不能適應企業發展要求的高層領導人，透過金色降落傘給予妥善的安排。

金色降落傘的優缺點

金色降落傘有許多優點。首先，金色降落傘對於A級人才具有很大的激勵作用，它的延遲支付讓A級人才能獲得長期的激勵，在留才方面有積極的效果；其次，它使得股東與管理高層人員減少彼此之間的摩擦與衝突；第三，高管人員的創業價值得到了體現，金色降落傘使A級人才能考慮公司長遠的利益，提升公司的長期股票價值。

但是金色降落傘也有很大的弊端，由於高管人員得到的經濟補償有時可達到一個天文數字，因此，這種補償反而可能使得高管人員急於出售公司，甚至是以賤價求售，這對於股東的利益造成極大的傷害。這部份，可以在合約約定一部分的補償金作為優先認購公司股票的方式，來解決這部分問題。

4-6
設計具有個性與彈性的福利制度

　　企業對於員工的報酬除了薪資、津貼與獎金之外，還包括了福利。福利是企業提供給員工的利益與服務，是一種補償性的報酬。福利和薪資一樣具有激勵員工的作用。尤其在目前企業間的搶人大戰中，福利也是一項吸引人才的方式，特別是屬於特定群體的員工有特別的需求，福利被重視的程度愈高。

　　由於A級人才的薪資已經不錯，個人的基本需要已達到一定的滿足程度，所以在更高的需求程度上需要更多樣化的滿足。因此，企業對於A級人才的福利措施，必須與一般員工有所區別，並且針對不同人才的需求，針對個人需要，盡可能給予符合其需求的福利項目，以作為留住A級人才的福利計畫重點。

西方跨國企業重視福利大於薪資

　　一般亞洲國家的企業傾向用金錢的財務報酬來激勵員工，由於企業透過薪資挖角會導致薪資不斷水漲船高，且挖來的人才滿足於被更高的薪資再被挖角，所以容易導致惡性循環。目前，一些歐美知名的跨國企業開始傾向用福利來留才，在過去50年裏，跨國企業的平均工資增加40倍，而福利增加500倍，可見得運用福利來作為留才的手段，已經成為跨國企業傾向運用的模式。

　　SAS 軟體研究所 (SAS Institute) 福利的具體專案，包括員工提供全

套免費醫療保險、健身中心和洗衣設備，並規定一到下午 6 點，全體員工一律下班回家。該公司任何有關福利待遇的提議，都需要滿足下面三個條件才能採納，它們分別是符合公司的企業文化、符合大多數員工的利益、員工所期望獲得的價值不低於投入成本，若是提議能夠符合這三項因素，則公司樂於採納該項提議。

自助餐式的彈性福利(Flexible Benefits)

　　傳統上，企業所提供的福利都是固定的，彈性福利制是為使企業能達到激勵員工滿意的目標，針對於員工個別需要所設計的福利專案，也就是說讓員工依照自己個人的需求，在企業基本的福利之上，提供額外的福利項目來讓A級人才選擇，以便組合成一套滿足員工個人需求的定制化福利項目。彈性福利的類型很多，以下列舉幾個模式供作參考。

1.附加型彈性福利；在公司原有的福利制度以外，再增加一些可由A級人才自行選擇的福利項目或對既有的福利加碼。

2.彈性支用帳戶：彈性支用帳戶是指A級人才每年可以從稅前收入中發出一定數額的款項作為自己的「支用帳戶」，A級人才可拿帳戶內的金額去選購各種福利措施。帳戶中金額若在本年度沒有用完，不能在未來使用，也不能以現金形式發放。

3.福利套餐：福利套餐是由企業同時推出不同但固定的福利組合，A級人才只能自由選擇某種福利組合，但不能選擇或更改每種組合所包含的內容。

其他非金錢報償與年資/績效連結

　　如何透過非金錢報酬，來作為留住A級人才的措施，以下舉房子與汽

車為例，分別說明如下：

1.住房的長期留才措施

　　某家大陸企業給員工配房主要考慮如何為員工買房。公司為關鍵職位且有優秀貢獻的人才，提供他們首付款或利息讓他們有能力買一套房子。第一種方式是個人負擔首付，公司付房貸利息，以減輕他們的壓力。公司支付利息有五年與十年兩種，可以讓員工自行選擇，若員工離職，則需償付公司所負擔的房貸利息。第二種方式是，由公司為員工先買一套房子，員工住進該房子後，只要付較低的租金即可，當員工住到五年後，公司先為員工支付頭期款，讓房子登記在員工名下，但每年利息由員工自行繳納，當員工工作滿七年後，再為員工支付第二筆款項，此可降低員工每年繳納的利息，當員工工作長達十年後，公司為員工支付房貸所有費用；第三種方式是，公司借錢給員工支付房子的首付款項，員工可先住進房子，每年只需支付利息，員工工作滿五年，則原先借給員工的錢不必還，工作滿七年，公司為員工支付第二筆款項，以減少員工負擔的利息費用，工作滿十年，公司將剩餘的款項支付。

　　以鴻海為例，該公司以房子作為激勵優秀員工的手段。當員工連續三年績效得A則得以住進公司在高管別墅區旁邊的新房子，每月支付少許的租金；當員工連續五年績效得A則公司給予住房，一半的房屋貸款由公司支付，另一半由個人支付；若員工連續十年績效得A則公司將住房全部給員工。這種留才手段將優秀員工留住至少十年。員工需要像房子這方面的激勵，因為可獲得實際的效果，但企業要評估本身的政策、資源與能力。

2.汽車的留才措施

車是身份的象徵，買車主要是讓員工提高生活品質，讓他們感受到公司對他們的尊重。對於可以開車出差或上班的員工，提供不少方便，而且公司多半在員工買車後，會貼補配車的油錢，但是車輛會折舊，這對此激勵機制而言是一項缺點。第一種方式是公司先買車，員工工作到一定年數後，就送給員工，但是這部車一直是交由該員工使用；第二種方式是由員工貸款買車，公司支付貸款利息，以及提供油錢、過路費、保險費等補貼，或在一定年度之後，清償所剩餘的貸款。

3.給予有薪假期

對於忙碌的A級人才來說，企業給予他們有薪假期也是一種很好的福利項目。例如美國的旅館管理公司（Sivica Hospitality）就規定，各部門的總經理只要為公司服務了5年，就可以享受 90 天的帶薪長假。對於長期在壓力下的旅館管理工作者而言，這無疑是一項他們需要的福利措施。

活動性福利加強員工情感

企業可以藉由活動性的福利來增加員工對公司的情感，公司可以安排員工的聚餐、旅遊、或是其他集體活動等，以提升公司與員工之間的情感，可作為附加的留才措施。有家公司從員工工資撥出一定的百分比，作為福利金以舉辦員工各項福利活動，包括：KTV、球類活動、郊遊烤肉等，深獲員工好評。

蘇州的明碁（Ben Q）在企業內部建立許多活動性社團，包括球類運

動（足球、網球、籃球等）、文藝活動（插花、棋藝等）等等活動，滿足了員工在工作之外的需要。這額外的福利措施以及內部的人性化管理，使得明碁在2002到2003年成為大學生希望進入企業的前十名。當時，只有兩家台資企業進入前十大排名，除了明碁之外，另一家是鴻海（富士康）。

工具箱 4.5 ：盤點公司提供的福利措施

　　請您盤點貴公司提供給員工的福利，根據下表的福利專案下，填寫貴公司在福利方面的具體措施。在下表的最後一欄中，請您將A級人才特有的福利專案寫上。

序	福利項目	公司實際作法	基本福利	A級人才特有
1	保險			
2	商業保險（團保）			
3	員工聚餐活動			
4	體育活動			
5	社團補助			
6	俱樂部會員卡			
7	禮券			
8	住房/員工宿舍			
9	有薪假期			
10	汽車接送			
11	國外旅遊			
12	國內旅遊			
13	其他			

第五章　*Chapter 5*

創造A級人才留才環境

● ● ● ●

企業要留住A級人才，金錢性的激勵措施固然重要，但企業所營造的整體工作環境也是很重要。關於這一部份，企業應從整體環境面考慮留住人才。普遍來說，A級人才想要的會比一般員工還要多。

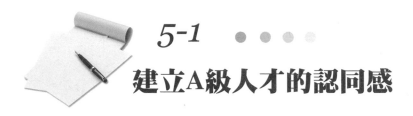

5-1
建立A級人才的認同感

在現代思想開放且競爭的社會，企業要求A級人才有忠誠度（Loyalty）是不容易的。A級人才有忠誠度，那當然是求之不得，但在實際的人才市場中，這樣的人才卻是少之又少。A級人才具有個性鮮明的特質，自尊心較強，通常比較有主見。他們對於自己的專業具有相當的忠誠，但對於企業卻不一定有忠誠度。所以，企業應該退而求其次，把重點放在A級人才對企業的認同感（Commitment）上。

善用企業內部溝通管道

許多企業由於缺乏溝通技巧，造成上下溝通不良，而形成許多管理的問題。公司善用內部上對下溝通管道除了一般正式的人員溝通方式外，還可以透過內部刊物、佈告欄、內部廣播、精神標語、壁報、會議、研討會、內部網路等等。另外，企業也必須保有下對上的溝通管道，例如：申訴制度、意見箱、提案制度等等，以便於A級人才能將自己的建議與意見能上達天聽，以便於公司與A級人才隨時溝通。

溝通良好能夠發現A級人才的問題，以便於早期發現、修正與調整，以避免A級人才的流失，並能傳遞正向積極的訊息給A級人才，使他們瞭解企業的使命與文化價值，使他們逐漸認同企業，並且使他們的價值觀也能與企業文化相符合。此外，與A級人才進行非正式溝通，例如：在會議決策前私下詢問其意見等，也能讓A級人才感覺被公司信任，使A級人才覺得更有歸屬感。

建立合適的工作環境

　　許多外商企業懂得將企業內部的環境打造好，當人才到公司面試時，會感受到企業內部的良好環境，這會對他們產生一定的吸引作用。在國內許多本土企業的老總家裏裝潢得很漂亮，但公司內部的裝潢乏善可陳，員工在簡陋破舊的工作場所工作，家裏的環境都比公司好。因此，員工當然希望一下班就馬上回家，不願多留在辦公室裏。國外許多知名企業明白這個道理，他們賺了錢願意在這方面投入，來營造企業良好的員工工作環境。若是企業的工作環境營造良好，則能增進公司A級人才對公司的向心力。有些公司給予A級人才足夠寬廣的辦公環境與空間，也是企業表示對A級人才的重視。

　　此外，公司主要是建立一個公平與公開環境。當然，天下沒有絕對的公平與公開的環境，但是企業透過管理制度的完善，建立一套標準規則來營造出相對的公平與公開的環境。有家公司由於出自安徽，所以安徽的同鄉待遇特別，許多非安徽的員工感覺到有一層玻璃天花板擋住他們的升遷發展，所以許多人跳槽到競爭對手那邊。有些家族企業有血緣關係的親人與其他員工待遇有差別，這會造成員工反感，尤其是讓有能力的A級人才感到不平而最終選擇離開公司。

　　企業不一定要營造人際關係融洽的工作環境才能留住人才，有些企業在工作中是有適度衝突的，但大家能對事不對人，而且問題能通過某種方式處理與解決，並能讓大家從衝突中獲得刺激與學習，這樣的適度衝突反而使個人的思維能得以突破而成長，有些A級人才會喜歡在這樣的環境下工作。

　　為了提升A級人才對於企業的歸屬感，企業可以提供A級人才一種團隊合作的方式，讓大家有集思廣義的機會，使他們覺得自己的意見被重視或採用，給A級人才一個發揮的舞臺，讓他們有成就感與參與感。另

外，企業可以設計提案制度，企業可以獎勵那些提案被採用，或是提案採用後有成效的人才，這樣也能提供A級人才發揮自我想法的空間。

與A級人才志同道合的理念

企業若是能透過理念與文化價值觀來吸引A級人才的話，若能產生共識，則能產生金錢以外的人才吸引效果。若是能使得A級人才自我實現，使人才發展與企業發展一致，這樣就更可以留住企業的A級人才。企業對於A級人才更強調「志同道合」，也是目前許多管理大師所提出的共同願景（Vision）。透過願景來使大家的行動朝向共同的目標，這樣才有可能引起A級人才的興趣與意願，願意站到同一陣線來一同努力。

因此，企業必須有以人為本的價值觀，並培養正向積極的企業文化，提倡團結意識，使得企業內的A級人才能感受到身為團隊一份子的榮耀。若是如此，才能產生長期的留才效果。

老闆與A級人才建立夥伴關係

在新時代的企業競爭背景下，過去講求家長式領導的方式已經漸漸過去，在較為官僚體系或是對於一般生產型員工，這種方式還可行，但是對於新生代的企業，尤其是屬於創新與知識型產業的企業，更強調的是較為平等的夥伴關係。例如：屬於知識型的顧問行業（如：法律、財務會計、企業管理等），當一位顧問已經非常資深且對企業有足夠多的貢獻，可以成為公司的合夥人。

另外，對於許多科技創業家或企業第二代接班人，他們平均年齡偏輕，許多人年紀不過30多歲左右，如何領導一群可能年紀比他大的員工

，家長式的領導可能不合時宜，只能趨向於夥伴或團隊成員的方式來建立上下之間的關係。另外，許多第二代接班人往往會進行改革，他們會優退老臣，重新建立一幫核心團隊，因此，建立認同感與彼此的信任就非常重要。

用綿羊領導獅子的哲學

在我們提供諮詢的許多企業過程中，我們接觸了不少企業家，有些案例可以粗分為兩種很極端的類型：第一種類型是一隻獅子領導一群綿羊，這類企業領導人能力很強，但周遭的人才能力一般；第二種類型是一隻綿羊領導一群獅子，這樣的模式是老闆能力較不突顯，表面上看起來不太管事，但下屬卻可以看得出是很有能力的人才。

若是企業有一群A級人才，企業最高領導者要學會漸漸授權，讓自己變成綿羊，而讓下屬變成獅子。企業最高領導者不要將所有的事都控制在自己的手上，大小事都要管，這樣會使得A級人才由獅子退化成綿羊。最高領導者要善用A級人才，就是要將A級人才變成獅子，使他們能發揮專長與能力而對企業有所貢獻。

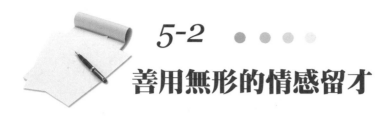

5-2

善用無形的情感留才

一般來說，企業要留住人才的三大方法是：「薪資留人、情感留人、事業留人」。在前一章節，我們已經提到薪資留人，現在要談的是「情感留人」。情感留人可以從公司整體面來營造，以及通過高層管理者個人的關係來建立。

針對管理人員進行領導技巧培訓

我們可能會發現許多企業的人才流失集中在某個部門，這個原因可能是該部門主管的領導風格有問題。有時管理者的領導方式不當，也會造成人才流失的原因之一。這個問題需要對於管理人員進行領導技巧的培訓，來增加他們日常管理領導下屬人員的能力。

企業要對高層管理人員進行領導技巧方面的培訓，在管好公司各項事務的同時，提高高層管理人員領導技巧，並學習如何處理員工之間的矛盾與衝突。因為若不解決員工之間的矛盾衝突，日積月累的積壓，就會影響員工日常的工作情緒。

此外，管理者與下屬的溝通也很重要，溝通課程的培訓內容包括溝通技巧、主動傾聽技巧以及人際關係技巧等。企業給予管理人員領導力培訓與制度的搭配，來使得管理人員能進行良好的管理。

多花點時間在A級人才的身上

　　筆者在企業管理顧問的經驗中，發覺外商企業與本土企業的差異在於，本土企業的處罰多於獎勵。這可能與我們小時候的教育有關，同樣的思維習慣也會應用在公司的A級人才的管理上。許多中國的企業高層管理者認為優秀的A級人才表現是應該的，他們花較多的時間去批評那些表現不佳的員工，而忽略了那些優秀的A級人才需要的獎勵。雖然管理者督導表現不佳的員工是應該的，但這樣的領導模式是傾向問題管理，對於表現出色的員工卻不聞不問，因而缺少積極的作用。

　　根據蓋洛普對8萬多名管理人員的調查指出，優異的管理人員經常將較多的時間花在表現出色的人才身上，他們注重創造價值更甚於問題解決，他們努力引導優秀A級人才朝向更高績效的發展，並且使得A級人才成為其他員工學習的表率，形成良性循環，帶動整體組織績效的發展。因此，企業與其多花時間批評績效不佳員工來救火解決問題，倒不如多花時間鼓勵A級人才創造價值。

利用情感溝通交流留住人才

　　企業的領導者要加強與員工的感情溝通，尊重和關心員工、幫助員工解決工作和生活方面的實際困難，企業領導者時常與A級人才作個人私下情誼的交流，並激發他們的責任感和積極性，使他們保持良好的情緒和工作熱情。情感留才的方式雖然成本較低，但必須由公司高層與管理者改變行為來加以配合，並持續進行成為習慣。

　　若平時與A級人才建立良好的情誼，則A級人才遇到外界誘惑而想離職時，有時會多一層顧忌。同時他也會擔心，雖然被挖角到一個薪水更高的職位，但相比而言，與目前的公司相處良好，主管與自己友誼不錯

，若是新環境遇人不淑，與上司不合的可能，則會是他猶豫考慮的因素。因此，透過情感留才雖不能說會產生直接留才的效果，但若A級人才認同公司，並覺得公司同事的關係良好，則離職前會多所考慮，因而產生間接留才的效果。

 ：如何建立A級人才的情感留才措施

　　請您集思廣益，思考一下企業可以用的情感留才措施有哪些。請您將貴公司可能的作法羅列在下表當中。

序	情感留才	效果評估	備註
範例	私下請A君來家中吃飯	★★★★	
範例	與A君的家人做朋友	★★★★★	
1			
2			
3			
4			
5			
6			
7			
8			
9			
10			

註：評估效果分為五等，若為五顆星則表示效果非常良好，四顆星為其次，依序遞減，最後一顆星則代表效果非常不佳。

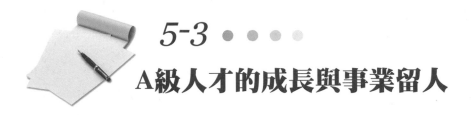

5-3

A級人才的成長與事業留人

企業不能讓A級人才感覺到自己在公司只有不斷付出，但沒有新養分進來，沒有學習到新的東西，這樣過了一段期間這會讓A級人才有江郎才盡或者無法突破的感覺。因此，企業要提供A級人才學習的機會，並且結合職業生涯發展的路徑，讓A級人才在公司感覺到自己的內在外在都有所成長。

加強員工培訓

使員工瞭解企業自己在公司當中，不同階段可獲得哪些培訓，使員工對自己未來的成長有所期望。針對企業現有關鍵職位及A級人才的自身特點，進行各種的培訓，來幫助A級人才成長，以增加他們對企業的認同感和歸屬感。

然而，A級人才可能是一批學歷高能力強的員工，公司給予他們培訓時，不可單一而死板，教學的程度也不可以過於基礎簡單，課程內容要富有一定的挑戰性，最好能對他們的思考有所啟發。講授形式最好不要完全是單向的上對下，講師要增加師生彼此互動與交流的機會，否則培訓效果會大打折扣。甚至可以讓他們個別站在臺上發表自己的學習成果，由台下學員提出問題，這樣他們也就不敢馬虎，把學習當一回事，並且在臺上會感覺有成就感。

A級人才的學習管道應儘量多樣化，除了安排的學習課程之外，企

業也可以引導他們通過自我發展的方式來學習，企業提供多管道的學習平臺，以滿足他們持續學習的需求。

職業生涯發展的設計

企業設計多管道的職涯發展路徑，使得不同職系的A級人才，都能在組織中有發展的機會。職業生涯發展不一定指員工的向上升遷，也有可能是平移或到另一個職系去學習。若是能夠使A級人才到不同的職系學習，可以防止他們老化，避免他們用一種模式思考，用同一種模式來解決問題，避免他們有部門自我主義的情況，以及視線隧道看不到遠方（短視）等問題。對於人才的工作輪調，也是對他們思考的一種刺激，但工作輪調不可太過頻繁，否則會產生一定的副作用。

另外，對於總經理與高層管理這類的全方面管理者，必須要對生產、行銷、人力資源、研發與財務有一定程度的瞭解，也可以透過工作輪調的方式培養，以培養全方位的管理人才。

接班人計畫預防人才斷層

對於關鍵職位的員工，要確保組織人才充足，就要規劃接班人計畫。一方面讓A級人才有提升的機會，另一方面，預防A級人才的離職，造成臨時找不到人才的情況。倘若人才的離職對企業來說是一項威脅，會影響公司的正常運作，這表明公司的接班人計畫有不足之處。然而，接班人計畫是一項長期的工作，許多公司一頭熱做了一段時間，之後就無疾而終，這樣就看不到效果。畢竟人才的培育是一段長期的過程，也需要企業內部的管理來相互配套與支援，以滿足接班人計畫要求。

讓人才有自主的發揮空間

　　許多企業重視A級人才的創新，願意提供一個自主的發展空間，來讓A級人才自由發揮，他們的成果也就作為對公司的績效，未來甚至可以成為獨立的事業體，讓人才有一個自己發揮的創業平臺。

　　3M公司允許員工可以挪出15％的工作時間，來從事自己的發明創新的工作。公司保障發明者的權益，除共同申請專利外，還讓員工分享自己成果的收穫，如今3M已經累積超過了3萬多項的專利權。

　　Google鼓勵所有員工，以總工作時數的20％，獨立研究自己喜歡且感興趣的高科技計畫。如果員工的研究成果被公司肯定後，Google會線上測試這些創新成果，並觀察他們的成果有什麼後續的發展。現在若是我們打開Google的主頁，再點擊兩次滑鼠左鍵，可以進入「Google實驗室「（Google Labs），那裏面收集了十多種的開發技術。至今，Google除了搜索引擎之外，還進入了郵箱服務（Gmail）、電子商務、人脈網站（Orkut）等相關多元化的策略路線前進，直接與Yahoo、MSN、Amazon、eBay等世界級的網站同台競爭，Google與他們競爭的本錢就是人才。

自主管理團隊搭建人才事業平臺

　　有時企業內部有許多包袱束縛而限制A級人才發揮，這時可以成立自主管理團隊，來讓A級人才有發揮的空間。在自主管理團隊的運作中，對內部的工作安排、任務分配、休息時間調配、用人決策、對外聯繫與工作流程等，A級人才都有很高的自主權，公司只需評估整體團隊績效即可。

　　公司搭建自主管理團隊的平臺，就是希望這個團隊能擺脫組織內部

的層層束縛，讓A級人才的戰鬥力能發揮出來，並且產出良好的績效。尤其是許多高科技產業透過自主管理團隊研發新的產品，若是有市場價值而能獲利的話，可能會成立單獨的事業體或另成立公司，允許團隊內的A級人才與公司一起創業。

內部創業給予A級人才事業發展的機會

　　有些A級人才離職的原因，可能是希望自行創業，為了留住人才，企業可以思考透過內部創業來給予A級人才創業的機會。

　　內部創業(Intrapreneurship)指的是企業授權和提供資源支援內部的創業行動，來獲得創新性的成果。企業可以透過內部創業來不斷開發新的產品、進入新的市場或者重新塑造新市場。內部創業能讓A級人才成為股東，與公司成為「利益共同體」，不但能留住人才，滿足員工挑戰困難的企圖心，能夠給他們一個自我實現的機會。企業可以提供資金、技術、人才、業務網路以及企業品牌等不同形式的資源。內部創業者不必花費時間從外界籌措創業資金，失敗後果的承擔責任較低，相對成功的機會也較大。

　　宏碁內部創業之形成主要是由集團總公司的總經理和副總經理組成具有創業精神的團隊，召開會議決定是否創立新公司。自今宏碁從電腦製造已經發展成為一個多元化的集團，宏碁透過內部創業不但吸引與網羅不少人才，也讓企業的A級人才有一個向外拓展開創的空間。

 **工具箱 5.2** ：內部創業路徑圖

公司搭建內部創業的機制需要有一套流程，這套流程就像是內部育成的孵化器，將事業當作是孵化小雞一樣。我們借助一些企業的經驗，將內部創業的一般流程劃成以下的流程圖。

明確公司創新政策

- 公司對於外部競爭是否有創新的需要？
- 公司高層對於員工創新的想法何為？
- 公司希望如何導引員工朝向創新的方向前進？

根據創新政策，制定相關的管理規章

- 如何給予員工再創新學習方面的投入？
- 如何評價員工的創新？
- 如何給予員工創新的成果獎勵？

根據員工創新想法，組成專案小組

- 公司篩選有意思的創新方案
- 組成創新的專案小組
- 進行專案小組的規劃與預算

定期評估專案小組成果

成果產出的效益評估

具有市場前景，可稱為事業

進行內部創業

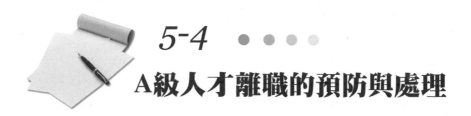

5-4

A級人才離職的預防與處理

A級人才離職的原因，與一般員工不同。一般員工的離職對於企業而言問題不大，但是A級人才若是離職，則會對公司有一定程度的傷害與影響。

對於A級人才的離職問題，企業要進行事前預防與事後處理措施，企業可以從不同情況出發，實施人才離職的管理措施。這些預防與處理措施如下：

1.對於有離職傾向的A級人才要進行輔導溝通；

2.對於離職意願明確但尚未提出申請的A級人才要打消其念頭；

3.對於提出離職申請的A級人才要進行慰留；

4.對於準備離職的A級人才要做離職面談，找出原因解決；

5.對於已經離職的A級人才，要保持聯繫，並防止他到敵方陣營為競爭者所用，或做出對企業不利的事。

預防A級人才離職的措施

在平時，我們就要面對A級人才流失的可能，找出A級人才可能潛在的離職問題，這部份要從整體的環境與制度下手，包括前面所說到的A級人才的激勵措施與工作環境，以及領導方式與平時的調查等。

一些企業曾委託我們幫他們公司做員工滿意度調查，其目的就是要

制訂A級人才的留才方案,一般會從滿意度的比較分析當中,找到哪一類族群的員工滿意度最低,例如:大學以上學歷的人才對於薪資傾向不滿意,或是較高層的主管對於福利措施與培訓傾向不滿意,這樣可以找到問題點,並制定公司的留才政策與措施,來解決前面所提到的問題。有些公司會在一定期間之後,再來一次問卷調查,並比對調查結果,來確定過去一段時間的留才政策與措施是否有效。

對於A級人才離職的回應策略

對於處理A級人才離職的問題,賽普拉斯半導體公司(Cypress Semiconductor Corp.)總裁羅傑斯 (T.J. Rodgers) 在其個人著作「沒有藉口的管理」(No Excuses Management)一書中,他提到了當某位A級人才跟他提出辭職時,他所採取的「回應策略」如下列幾點:

1.沒有比處理員工辭職更重要的事,在五分鐘之內立即做出回應。

2.如果有人辭職,直接報到總裁這裏來。

3.認真傾聽員工是怎麼說的。

4.構思準備好你的反駁意見,一旦瞭解到員工想要離職,馬上提出解決方案,看是否能說服這位員工留下來。

5.透過解決員工問題贏回他的心。

6.採取預防措施,以防問題再度發生。

留才絕招面面觀

有時候企業對於即將離職的人才,可以運用人情戰術,透過以前他的老領導或親人來慰留。有家企業的做法是在員工一進公司時,就跟他要他家人的銀行帳戶資料,公司在該員工在職期間,除了該員工每月薪

資外，還會寄一點錢到他親人帳戶，若他要離職時，他親人帳戶的錢也會終止，此時家人就會詢問情況，甚至幫企業說話，這樣可能給打算離職的人才產生一定的留才效果。

假如企業挽留人才不成，在A級人才離職前，必須保持在職員工的士氣，才不會失去更多人才。例如：企業可以發表聲明或內部通報，強調公司的發展方向和優勢；或由高層主管表示懷念與肯定離職的A級人才，並請大家繼續在職位上努力工作；或可能對公司的工作環境、領導能力和人才保留計畫做一番審核，檢視企業有哪些問題需要解決。此措施最好在雇用新人或其他員工離職之前就趕緊進行。

傾聽並重視離職人員真實的聲音

企業內的人才離職前通常為了好聚好散，而不願將真實的想法說出來。他們的說詞通常會是一些冠冕堂皇的話，他們會說是自己職業發展的選擇，或是家庭因素，而不會將對於公司真正的想法與意見說出來，即使說出來也不一定受重視；即使說出來受到重視，離職面談者也無力回天。所以他們大多覺得少說不如不說，多說不如少說，說了不一定有用，與其這樣還是不說為好。

但是，企業的A級人才離職的原因，可能涉及到一些關乎到企業生死存亡關頭的危機，他們有意見而埋藏在心裏，他們知道說了也沒用，所以就想先離職另找出路。對於A級人才的離職，企業一定要非常重視，離職面談人員不要只是部門主管，最好再由公司副總或總經理，甚至總裁來面談，來表示公司對於人才的重視，並且表達願意聆聽其真實的想法，以便找出公司不足之處。

Java的研發是來自某位元軟體工程師的離職面談時，公司總裁要求其寫出對公司不滿的意見，這位工程師當時想反正豁出去，於是將公司

研發技術創新不足的問題表達出來。後來公司用更高的薪資待遇挽留了這位工程師，並針對他提出的問題成立專案小組，並將這個專案小組讓該員工負責，公司給予該小組自主權，讓他們做自己想做的事情。這個小組後來成功開發Java語言，這項功績為公司創造了龐大的效益。

離職面談的措施

離職面談是調查員工對公司意見與建議的最佳機會，但在離職面談時A級人才提供的可能是假資訊，未必能完全反映他們的真實想法。企業要解決這個問題，可以委託第三方來進行客觀的員工滿意度調查，以瞭解員工真實的想法與感受。

企業可以整理離職面談的內容，並且在部門會議中提出重點，對症下藥，以避免可能的問題再度發生。若是缺點能夠改善，則不但可以有效防範人才流失，還可能讓已經離職的人回心轉意。

最後，企業對於離職的A級人才要給予他們回流的機會，並歡迎他們再回來，並且在管理制度中，要考慮鼓勵A級人才回流機制，例如：將其年資與先前年資連續計算，以及保證他們過去在公司的福利待遇都能銜接得上，以鼓勵他們重回到企業服務。

減少人才離職威脅的治本工作

A級人才的離職是免不了的問題，企業該如何面對這樣的難題。當公司作業系統與管理機制做不完善時，許多工作流程作業的判斷就需要靠人來做。但有些公司將制度化、自動化、資訊化的工作做好之後，可以減少許多人為的判斷，在這樣的工作設計與環境下，企業需要的人才智慧就會減少。

　　此外，企業要做好A級人才的儲備與接班工作，透過知識管理將營運的智慧融入在作業流程當中，這樣就可以降低A級人才流失對企業造成的威脅。

工具箱 5.3 ：企業內部人才離職原因分析

對於A級人才的離職原因，我們可以歸納成外部原因、內部原因與個人原因。外部原因指的是外部競爭者或其他企業的挖角與給予職位的誘惑；內部原因指的是A級人才對於企業內部的不滿所造成離職的原因；個人原因指的是A級人才完全出於個人的因素離職。透過下表，我們可以歸納分析A級人才離職的原因，並提出解決方案。

來源		離職原因	說明分析	解決方案
外部原因	1	A級企業（知名國際企業）的誘惑力		
	2	競爭對手出高薪聘請、挖角		
	3	其他因素		
內部原因	1	薪水福利待遇不盡如人意		
	2	多數是一時的賭氣，而不樂意委屈自己，選擇離開企業。		
	3	自己在企業中得不到發揮。		
	4	自己的思想、觀點、建議、意見得不到企業的認同。		
	5	企業文化氣氛不好，如員工之間的關係難相處。		
	6	企業的上級管理者獨斷專行。		
	7	自己認為無能力解決現實問題。		
	8	對於企業未來的發展擔憂，且無能力改變企業現狀。		
	9	其他因素		
個人原因	1	自己的職業生涯發展		
	2	家庭因素		
	3	個人進修		
	4	其他因素		

參考文獻

● 中文文獻：

1.廖勇凱（2006）B級人才A級用，臺北：汎果文化

2.廖勇凱、楊湘怡（2004）人力資源管理，臺北：智高出版社

3.張文賢（2006）人力資源總監－人力資源管理創新，上海：復旦大學出版社

4.李誠（2000）人力資源管理的12堂課，臺北：天下文化出版社

5.羅耀宗（2005）Google成功的七堂課，北京：電子工業出版社

6.利・布拉納姆（Leigh Branham）（2003）留駐核心員工，北京：中國勞動社會保障出版社

7.上海稻香文化傳播（2006）核心員工，臺北：智富出版有限公司

8.孫健（2003）管理核心員工的藝術，北京：企業管理出版社

9.趙民、陳立華（2005）把激勵搞對－國有企業管理者的10大激勵模式，北京：人民郵電出版社

10.鮑勃納爾遜（Bob Nelson）；朱和中譯（2005）1001種獎勵員工的方法，北京：中信出版社

● 英文文獻：

1.Nelson, R. and Winter, S.（1984）An Evolutionary Theory of Economic Change Cambridge，MA：Belknap Press

2.Gorsline(1996), A competency profile for human resources: No more Shoemaker's Children. Human Resource Management, 35(1), P.56.

3.T.J.Rodegers（1993）No-Excuses Management: Proven Systems for Starting Fast, Growing Quickly, and Surviving Hard Times，Harvard Business School

4.Spencer, L. M. & Spencer, S. M., (1993), Competency at Work: Models for Superior Performance, New York: John Wiely & Sons.

NOTE

NOTE

NOTE

NOTE

NOTE

NOTE

NOTE

NOTE

NOTE

汎亞出版・人資知識的推手

《派外人員管理實戰法則》

作者：廖勇凱
定價$280元

您是企業管理者嗎？
人資主管不可錯過的派外人員管理的九式秘笈！
您正面臨外派抉擇嗎？
知道遠赴海外的遊戲規則，吃虧絕不是你！

《跨國人資管理實戰法則》

作者：廖勇凱、譚志澄
特價$260元
(加贈13張跨國移植檢核表格)

跨國企業的核心競爭力關鍵在人，
唯有透過「人」與「文化」的移植，才是成功創造企業獲利的關鍵。

《子公司人資培植管理》

作者：廖勇凱
定價$240元

跨國企業首學、全球佈局謀略，
吸收當地資源變成營養學分，勝出贏家就是您！！

《B級人才A級用》

作者：廖勇凱
特價$280元
(加贈49張人才分析表格)

首度公開七大用人策略、超實用分析工具加技巧，善用各項經驗法則，幫助您快速掌握人才升級精髓！

《跨文化人力資源管理》

作者：廖勇凱
定價$240元

文化力＞競爭力！！
「經營者必看、投資者必學、派外者必備！！」學會文化經營哲學，徹底消弭跨文化管理的癥結點，讓您經營有法則、成功有捷徑。跨越國界，更能發光發熱！

《人力資源輕鬆上手》

作者：周昌湘
觀念推廣價$149元

・您有不合群或指揮不動的員工嗎？
・本書針對非人力資源主管所編撰，快速建立人力資源基礎概念！

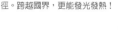

《西進大陸不冒險》
（上下集合售）

作者：周昌湘
上下集合售$499元

橫跨兩岸企業、派駐台幹、外派大陸工作者，這本書您不能錯過！！避開錯誤決策、用對管理者；獲利才有可能！

《先上課再上班》

作者：周志盛
特價$260元

沒有懷才不遇這件事，您能讓自己更耀眼！
本書精選上班族必須熟稔的職場權益議題，提早了解職場競爭規則，職涯規劃一把罩！

《理才勝經》

作者：張甲賢
特價 $238元

如何在千百封履歷表中，快速、
有效地找到企業需要的人才?
理才勝經讓您尋才有如神助，創
造企業永續競爭力。

《老闆最容易犯的 人資管理錯誤決策》

作者：董峰豪 董峰如◎著
定價 $230元

您是企業管理者嗎?員工與老闆諜
對諜攻防戰，您佔上風嗎?
錯誤決策不只砸您招牌、也會讓您
付出沉重代價。

《績效管理練兵術》

（豪華升級版）
作者：鄭瀛川
定價 $320元

員工考績怎麼打身為主管如何做好
績效面談?本書教您如何避免考核
常犯偏誤，讓績效評估為企業戰力
加分。隨手一冊，您就是受人愛戴
的優秀主管!

《專業的甄選面談術》

作者：蔡正飛
定價 $220元

用對方法，問題員工就GET OUT!
在講究最佳效益、懸缺急需人才時
，教您精準掌握面試者特質，不僅
輕鬆找到合適人選、亦帶動公司發
展前景!創造出優良績效!

《勞工保險補給站》

作者：周志盛
定價 $260元
（加贈「勞工保險教育訓練課
程精選輯」）

精選職場上勞資雙方必須熟稔的
百大勞工保險議題!
百問百答、實用性高、議題詳盡
、有所依循、簡而有力!

《當草莓撞到芭樂》

作者：薔麗明・劉紓宇
定價 $250元

「草莓創意」融合「芭樂精神」，
是世代傳承的成功之路，在競爭劇
烈的商業環境中，期許新鮮人能跨
越世代溝通的障礙，開創璀璨耀眼
的「新鮮世紀」!

《人才甄選與面談技巧》

作者：鄭瀛川
特價 $280元
（加贈11張甄選實用表格）

對於需要在短時間內做出「應徵者
錄與否」的主管而言，本書是最能
幫助您上手的面試寶典!

《勞資權益即時通》

作者：周志盛
原價：$260元

本書精選職場中勞資雙方容易衍
生爭議的100個問題。百問百答
、實用性高、議題詳盡、有所依
循、簡而有力!

PAN ASIA
HUMAN RESOURCES MANAGEMENT&CONSULTING CORP.

汎亞人力資源集團

台灣第一家通過ISO9002提供整合性人力資源服務

高階人才事業部

- ▶ 客製化服務－深入瞭解企業，有效為企業網羅高階人才或職場專業菁英。
- ▶ 資深顧問群－強調團隊精神，迅速有效率的滿足企業及人才需求。
- ▶ 免費諮詢服務－針對就業市場、專業人才招募或人力仲介服務問題，提供免費諮詢服務。

網路事業部

- ▶ 家族性人力銀行－www.9999.com.tw，為台灣地區三大求職、求才入口網站之一。
- ▶ 在地化優勢－以差異化行銷，滿足客戶求職、求才需求。
- ▶ 結案報告書－主動告知求才廠商，於刊登期間結果分析及建議。

人力派遣事業部

- ▶ 減少人事作業－人事行政皆由派遣公司專責執行，提昇企業人資部門產能。
- ▶ 彈性人力運用－配合企業淡、旺季人力調派，使企業無需擔心人力短缺，並有效解決企業頭痛的勞資問題。
- ▶ 降低成本控制－以派遣員工執行非核心工作，降低人事成本及管理費用。
- ▶ 提昇核心競爭力－非核心工作由派遣員工執行，企業可專心培育核心人才，提昇競爭力。

外勞事業部

- ▶ 據點多－汎亞外勞事業部在台灣擁有八家分公司，從台北到高雄服務網路綿密，一家簽約八家服務。
- ▶ 服務佳－全台灣泰、菲、印、越雙語翻譯人員共計達三十八位之多，可隨時依客戶需求調派，達到最佳的服務品質。
- ▶ 系統強－由汎亞自行研發領先業界的外勞管理系統，可隨時修改，讓客戶完整掌握狀況。

PAN ASIA

TEL:(02)2755-5737 HUMAN RESOURCES MANAGEMENT&CONSULTING CORP.

綜合人力事業部

▶ 換傭空檔銜接服務－提供台籍幫傭服務，彌補雇主換
  傭空檔的銜接時間。
▶ 免費外傭安全講習－不定期舉辦外傭安全講習，提升
  外傭居家安全須知，並定期寄發免費「凱文維妮」月
  刊，即時通知雇主最新法令規範。
▶ 提供外傭服務手冊－由汎亞平面媒體部「汎亞人力出
  版」，出版各國語言書籍，並以專業人士錄製會話
  CD，隨外傭的到達同時贈送雇主，透過書籍與CD的
  雙重溝通，縮短外傭與雇主間的適應磨合期。

教育訓練事業部

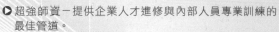

▶ 超強師資－提供企業人才進修與內部人員專業訓練的
  最佳管道。
▶ 學位與專業能力的雙重提升－提供連續十年榮獲全美
  前十名的帝博大學在職MBA(2005全美在職MBA排名
  第七)的優秀課程，給予專業人士在台進修繼續深造。
▶ 汎亞文化事業與高速獵人為汎亞人力資源的關係企業，
  我們將所有在汎亞進修的學員作一串聯，提供學員畢業
  後相關高薪就業管道。

汎亞出版事業部

▶ 汎亞出版提供人資管理新知－台灣專業人力資源出
  版社「汎亞出版」，網羅台灣人資界資深作者、學
  者，提供企業主、經理人、主管及一般讀者，最新
  人力資源新知。
▶ 外國語文實務系列—獨創互動模式語文學習叢書。
▶ 行銷通路多元化，包含誠品、金石堂等全國各大連
  鎖書店與傳統書局、家樂福。

國際人才事業部

▶ 節省營運成本－東南亞國家雇員薪資低廉，節省
  企業大筆人事費用。
▶ 國際技術交流－國際人才仲介可引進各階層人員
  ，提供專業技術及工作效能。
▶ 掌握時代趨勢－國際人才交流，協助企業掌握世
  界產業脈動，擬訂最佳策略方針。

國家圖書館出版品預行編目資料

A級人才管理：廖勇凱、譚志澄　編著. - -

初版. - -臺北市　：　汎亞人力，2008〔民97〕

面 ；公分. - -（人力資源管理實務：07）

參考書目：面

ISBN　978-986-81808-6-4(平裝)

1.人事管理　　　　　　　　　　　2.人才

494.3　　　　　　　　　　　　97003562

A 級 人 才 管 理

廖勇凱、譚志澄　著

發行人 / 蔡宗志

發行地址 / 台北市106大安區和平東路二段295號10樓

出版 / 汎亞人力資源管理顧問有限公司

校對 / 廖勇凱、譚志澄

編輯、設計 / 謝宜桂、蕭嘉玲

電話 / (02)2701-4149（代表號）

傳真 / (02)2701-2004

總經銷 / 紅螞蟻圖書有限公司

地址 / 台北市114內湖區舊宗路2段121巷28號4樓

電話 / (02)2795-3656（代表號）

傳真 / (02)2795-4100

E-mail：cn@e-redant.com

2008年05月

初版一刷

HUMAN RESOURCES MANAGEMENT&CONSULTING CORP.